MITTAL C. PARMAR
P. R. Patel
JAY PADSALA

EPIDEMIOLOGIA E GESTÃO DO CANCRO DA GOIABEIRA

MITTAL C. PARMAR
P. R. Patel
JAY PADSALA

EPIDEMIOLOGIA E GESTÃO DO CANCRO DA GOIABEIRA

causada por Pestalotiopsis psidii (KWEE E CHONG)

ScienciaScripts

Imprint

Cover image: www.ingimage.com

This book is a translation from the original published under ISBN 978-620-8-42170-0.

Publisher:
Sciencia Scripts
is a trademark of
Dodo Books Indian Ocean Ltd. and OmniScriptum S.R.L publishing group

120 High Road, East Finchley, London, N2 9ED, United Kingdom
Str. Armeneasca 28/1, office 1, Chisinau MD-2012, Republic of Moldova, Europe
Managing Directors: Ieva Konstantinova, Victoria Ursu
info@omniscriptum.com

Printed at: see last page
ISBN: 978-620-3-28119-4

Conteúdo

RESUMO

A goiaba (*Psidium guajava* L.), um membro da família Myrtaceae, é uma cultura frutícola vital na Índia tropical e subtropical, particularmente no sul de Gujarat, célebre pelo seu valor nutricional e preço acessível. A sua versatilidade em compotas, geleias e sobremesas contribui para a sua popularidade. No entanto, a cultura da goiabeira enfrenta desafios decorrentes de doenças como a murchidão, o cancro e a antracnose, que afectam a rentabilidade. O cancro da goiabeira, provocado por *Pestalotiopsis psidii* (Kwee e Chong), é especialmente grave, criando lesões castanhas escuras e cortiça que reduzem a qualidade do fruto e o valor de mercado, sobretudo no distrito de Navsari, no Sul de Gujarat.

O agente patogénico foi isolado utilizando o meio Potato Dextrose Agar (PDA), cumprindo os postulados de Koch. Estudos microscópicos de micélio e caraterísticas conidiais identificaram o patógeno com base em caraterísticas morfológicas e culturais descritas na monografia de Guba de *Monochaetia* e *Pestalotia.*

A identificação do agente patogénico revelou que *Pestalotiopsis psidii* (Kwee e Chong) produz um crescimento micelial espesso, branco, inchado e ondulado em PDA com um reverso amarelo pálido e acérvulos pretos, brilhantes e húmidos. Os conídios tinham forma fusiforme, cinco células, com células hialinas apicais e basais e três células medianas que variavam de castanho claro a castanho escuro ou verde-azeitona. Os conídios mediam 19,58 pm de comprimento e 7,03 pm de largura, com apêndices basais hialinos com uma média de 4,9 pm de comprimento. Os estudos de patogenicidade confirmaram a identidade do agente patogénico e a sua capacidade de produzir sintomas semelhantes aos observados no campo.

Estudos epidemiológicos realizados durante as estações de 2022-23 e 2023-24 revelaram que a doença apareceu pela primeira vez na 43ª Semana Meteorológica Padrão (SMW) de 2022-23, com um aumento linear no índice percentual de doença (PDI) até a 19ª SMW. Em 2023-24, a doença apareceu pela primeira vez na 49ª semana meteorológica padrão (SMW), também mostrando um aumento linear no PDI até a 19ª SMW. A matriz de correlação indicou que a intensidade da doença do cancro tinha correlações significativas com vários factores meteorológicos. Em 2022-23, a intensidade da doença foi positivamente correlacionada com a temperatura máxima (0,372) e a velocidade do vento (0,424), enquanto a humidade relativa da manhã e da tarde apresentaram correlações negativas altamente significativas (-0,461 e -0,645). Em 2023-24, a temperatura máxima (0,530) e as horas de sol brilhante (0,440) apresentaram correlações positivas significativas com a intensidade da doença. Os dados agrupados de ambos os anos mostraram correlações positivas altamente significativas entre a intensidade da doença e a temperatura máxima (0,491) e a velocidade do vento (0,485), uma correlação positiva significativa com as horas de sol brilhante (0,408) e uma correlação negativa altamente significativa com a humidade relativa vespertina (-0,621).

A análise de regressão por etapas identificou os principais factores de previsão da intensidade da doença. Em 202223, o modelo final, incluindo três factores de previsão, *ou seja,* a humidade relativa nocturna, a temperatura mínima e os dias de chuva, explicou 70,8% da variação da intensidade da doença. Em 2023-24, um único fator de previsão, *ou seja,* a temperatura máxima, explicou 28,1 por cento da variação. A análise conjunta dos dados identificou um modelo final com três factores de previsão, *ou seja,* a humidade relativa nocturna, a temperatura mínima e a velocidade do vento, que explicam 75,9 por cento da variação.

As avaliações *in vitro* de vários fungicidas e tratamentos bio-racionais demonstraram que o mancozeb 75% WP mostrou uma eficácia superior entre os fungicidas de contacto, atingindo até 97,41% de inibição a uma concentração elevada (2000 ppm). Entre os fungicidas combinados, o carbendazim 12% + mancozebe 63% WP e a azoxistrobina 11% + tebuconazol 18,3% SC alcançaram uma inibição completa em todas as concentrações testadas, *ou seja,* 500, 1000 e 1500 ppm.

Entre os tratamentos bio-racionais, o panchgavya em concentrações de 5% e 10% conseguiu uma inibição completa do crescimento micelial. O leitelho mostrou uma inibição moderada, enquanto os extractos de neem e tulsi foram ineficazes.

Os fungicidas e bio-racionais considerados eficazes in *vitro* foram posteriormente avaliados em condições de campo durante 2022 e 2023. Foram programadas três pulverizações 25 dias após a frutificação, com intervalos mensais. As avaliações *in vivo* de fungicidas e bio-racionais identificaram consistentemente o carbendazim 12% + mancozeb 63% WP (0,1%) como o tratamento mais eficaz, mantendo o menor PDI em todas as fases. Em 2022, este tratamento alcançou um PDI médio de 5,11%, enquanto em 2023, alcançou um PDI médio de 3,04%. O próximo melhor tratamento foi panchgavya (10%), com um PDI médio de 6,22% em 2022 e 3,70% em 2023. Mancozeb 75% WP (0,2%) foi o menos eficaz entre os tratamentos testados. A interação entre os dois anos e o tratamento na análise conjunta foi considerada não significativa. Os dados agrupados revelaram um resultado semelhante: o tratamento mais eficaz foi o carbendazim 12% + mancozebe 63% WP (0,1%) com um PDI médio de 4,07 por cento. O tratamento seguinte mais eficaz foi o panchgavya (10%) com um PDI médio de 4,97%. Mancozeb 75% WP (0,2%) foi o menos eficaz entre os tratamentos testados com um PDI médio de 9,00 por cento.

CAPÍTULO 1

INTRODUÇÃO

A goiaba (*Psidium guajava* L.), um fruto importante nas regiões tropicais e subtropicais, pertence à família Myrtaceae e é originária da América Tropical. Muitas vezes referida como a "maçã dos trópicos", a goiaba é altamente valorizada pela sua adaptabilidade e benefícios nutricionais. Desenvolve-se numa variedade de texturas de solo, condições de drenagem e níveis de pH que vão de 4,5 a 9,4. Nomeadamente, a goiaba pode crescer naturalmente em áreas com elevada precipitação anual e é suficientemente resistente para suportar condições de seca (Morton, 1987). Esta adaptabilidade contribuiu para o seu cultivo generalizado.

A goiaba é a quarta cultura de fruta mais importante a nível mundial, depois da manga, da banana e dos citrinos (Anon., 2017). É conhecida pelo seu perfil nutricional excecional, sendo uma excelente fonte de vitamina C, com concentrações que variam de 50 a 300 mg por 100 gramas de fruta. Adicionalmente, a goiaba é rica em niacina, riboflavina e vitamina A, o que a torna um complemento valioso para uma dieta equilibrada (Soares *et al.*, 2007).

Para além dos seus benefícios nutricionais, a goiaba possui várias propriedades medicinais. As folhas da goiabeira são utilizadas na medicina tradicional para tratar a tosse, a diarreia e as dores de dentes. Estas utilizações medicinais realçam o potencial da goiaba para contribuir para a saúde e o bem-estar. Além disso, a goiabeira tem aplicações industriais; as suas folhas são utilizadas no curtimento de couro e no tingimento de têxteis, o que demonstra a sua versatilidade (Al-Sherif *et al.*, 2007).

A goiaba é um fruto climatérico, o que significa que amadurece rapidamente após a colheita. Este amadurecimento rápido contribui para o seu curto período de conservação, com o fruto a perder a sua textura e qualidade no prazo de 3-4 dias à temperatura ambiente (Nabakishor, 2015). Esta perecibilidade coloca desafios ao manuseamento e armazenamento pós-colheita, necessitando de soluções logísticas e de armazenamento eficientes para prolongar a comercialização do fruto e reduzir as perdas. Os esforços para prolongar o período de conservação da goiaba têm-se centrado em várias tecnologias pós-colheita, como a refrigeração, a embalagem em atmosfera modificada e a aplicação de revestimentos comestíveis. Estas tecnologias têm por objetivo retardar o processo de maturação e manter a qualidade do fruto durante períodos mais longos, aumentando assim a sua disponibilidade e reduzindo as perdas pós-colheita.

Os frutos da goiabeira são muito apreciados não só pelo seu consumo em fresco, mas também pela sua ampla utilização no fabrico de vários produtos transformados, como compotas, geleias e outros produtos alimentares. A resiliência da cultura, o seu cultivo simples

As práticas de cultivo, o elevado rendimento e os rendimentos monetários significativos tornaram-na cada vez mais popular entre os agricultores. Consequentemente, a área cultivada com goiaba e a sua produção têm vindo a aumentar de forma constante.
A Índia ocupa o primeiro lugar a nível mundial em termos de produção de goiaba. É cultivada numa área de 359 mil hectares, com uma produção anual de 5,59 milhões de toneladas métricas na Índia (Anónimo, 2023b).
Na Índia, a goiaba é cultivada predominantemente nos Estados de Bihar, Uttar Pradesh, Karnataka, Madhya Pradesh, Maharashtra e Gujarat. Centrando-nos em Gujarat, a área dedicada à cultura da goiaba é de aproximadamente 14 708 hectares, produzindo cerca de 179 510 toneladas métricas com uma taxa de produtividade de 12,20 toneladas métricas por hectare. Especificamente no Sul de Gujarat, a área de cultivo é de cerca de 784 hectares, produzindo 9 313 toneladas métricas com uma taxa de produtividade de 11,88 toneladas métricas por hectare (Anónimo, 2023a).
Os frutos da goiaba são frequentemente referidos como alimentos protectores devido ao seu elevado valor nutricional, particularmente ao seu rico teor de vitamina C, que desempenha um papel crucial no reforço do sistema imunitário. Reconhecendo os benefícios da goiaba para a saúde, o Conselho Indiano de Investigação Médica (ICMR) recomendou a inclusão de 90 gramas de goiaba no regime alimentar diário equilibrado. No entanto, a disponibilidade atual de goiabas na Índia é, em média, de apenas 55 gramas per capita por dia. Esta discrepância evidencia um fosso significativo entre a procura de goiabas e a sua disponibilidade.
Para satisfazer a procura crescente de goiaba, é imperativo atenuar as perdas causadas por várias doenças. A cultura da goiaba sofre perdas económicas significativas devido à prevalência de numerosas doenças que afectam as fases de pré e pós-colheita. Algumas das doenças mais comuns que afectam a goiabeira incluem a podridão dos frutos, o cancro (causado por *Pestalotiopsis psidii* Pat.), a murchidão (*Fusarium oxysporum* (Fr.) Shcl. f. sp. *psidii*), a morte (*Botrydiplodia theobromae* Pat.), a mancha foliar [*Cercospora psidii* (Yamamoto)], o míldio foliar [*Phoma jolyana* (Priyozy e Morg.)], a antracnose (*Gloeosporium psidii* Delacr.), a ferrugem vermelha (*Cephaleuros virescens* Kunze), o míldio (*Rhizoctonia solani* Kuhn.), *etc.*
Entre estas, o cancro destaca-se como uma doença particularmente grave dos frutos de goiaba, causada pelo fungo parasita *Pestalotiopsis psidii* (Kwee e Chong). Esta doença reduz significativamente o valor osmótico do fruto, afectando negativamente a sua comercialização e qualidade geral, e resultando numa deterioração do rendimento. As perdas económicas devidas ao cancro podem ser devastadoras, variando tipicamente entre 30-60%, com casos extremos que levam a uma quebra total da cultura e perdas que podem atingir os 100%. A doença não só afecta a quantidade da produção, como também compromete a qualidade estética e nutricional do fruto, tornando-o menos apelativo para os consumidores e menos viável no mercado.
Durante a fase de maturação, as infecções do cancro podem evoluir para uma podridão progressiva dos frutos, agravando ainda mais as perdas. A incidência do cancro é influenciada pelas condições climáticas, sendo a doença mais prevalente a temperaturas entre 25-30°C e humidade relativa elevada (Kaushik *et al.*, 1972). O fungo cresce, profusamente, em diferentes meios, mas o crescimento vegetativo escasso ocorre na decocção de goiaba verde. A esporulação é rápida e abundante em PDA e no meio de Richard. O agente patogénico cresce vigorosamente a temperaturas entre 15 e 30°C. O melhor crescimento e esporulação são observados a 26°C.

O cancro do fruto foi registado em Bombaim (Chibber, 1911) e mais tarde em Mysore (Narsimhan, 1938; Venkatakrishniah, 1952), Thane, Dharwar, Poona (Patel *et al.*, 1950), Ponta Vally, Himachal Pradesh (Verma e Sharma, 1976) e Lucknow (Misra e Om Prakash, 1986).

Posição taxonómica de *Pestalotiopsis*:

Reino : Fungi

Filo : Ascomycota

Classe: Sordariomycetes

Subclasse : Xylariomycetidae

Ordem : Amphisphaeriales

Família : Sporocadaceae

Género : *Pestalotiopsis*

Pestalotiopsis é um género de fungos que se distingue pela sua estrutura única de esporos ou conídios. Os esporos têm tipicamente quatro células medianas euseptadas e pigmentadas, juntamente com dois a quatro apêndices apicais que emergem como extensões tubulares da célula apical. Além disso, um apêndice basal central também está presente (Jeewon *et al.*, 2002). Este género é complexo e coloca desafios significativos no que diz respeito à classificação ao nível das espécies. A dificuldade resulta da variação considerável observada nas espécies, que inclui diferenças na taxa de crescimento, na morfologia conidial e nas caraterísticas das estruturas de frutificação (Karakaya, 2001).

Os sintomas da doença do cancro aparecem principalmente nos frutos verdes da goiabeira e raramente são observados nas folhas. Inicialmente, a infeção é indicada pelo aparecimento de minúsculas manchas necróticas circulares, ininterruptas, de cor castanha ou ferrugem, nos frutos. À medida que a doença progride, estas manchas expandem-se e rasgam a epiderme de forma circular, resultando numa aparência de cratera que é mais pronunciada nos frutos do que nas folhas. As lesões do cancro são tipicamente superficiais e não penetram profundamente na polpa do fruto. Nas fases mais avançadas da infeção, os cancros mais antigos apresentam micélio branco constituído por numerosos esporos, tornando a presença da doença mais visível.

A doença do cancro afecta diversas variedades de goiaba de forma diferente, levando a variações consideráveis no aparecimento dos sintomas nos frutos verdes (Patel *et al.*, 1950). Em casos graves, a doença leva ao desenvolvimento de numerosas manchas cancerosas e elevadas nos frutos, que acabam por se abrir, expondo as sementes. Estes frutos infectados permanecem frequentemente subdesenvolvidos, tornando-se duros, malformados e mumificados, e caem frequentemente das árvores em grande número (Dheir e Naser, 2019).

Em raras ocasiões, a doença também afecta as folhas, causando o aparecimento de pequenas manchas angulares castanhas ferruginosas (Venkatakrishniah, 1952). As variações sazonais influenciam o aparecimento dos sintomas do cancro; durante o inverno, as manchas cancerosas são mais comuns, enquanto que na estação das chuvas se observam minúsculas manchas vermelhas nos frutos (Verma e Sharma, 1976).

O cancro é uma doença prevalente, causada por agentes patogénicos fúngicos e bacterianos. A compreensão dos diversos sintomas desta doença e das suas variações sazonais é crucial para a gestão e o controlo eficazes do cancro nos pomares de goiaba. Vários produtos naturais e botânicos, tais como neem, tulsi, lantana, calêndula, alho e leitelho, têm sido utilizados para gerir esta doença. Além disso, vários tratamentos químicos, incluindo a calda bordalesa, o carbendazim, o mancozebe, uma combinação de carbendazim e mancozebe e o zinebe, têm sido utilizados para o controlo da doença no campo. Embora estes fungicidas se tenham revelado eficazes na gestão do cancro, a sua utilização extensiva suscitou preocupações significativas. A dependência excessiva de tratamentos químicos resulta na acumulação de resíduos de fungicidas nos frutos da goiaba, o que representa sérios riscos para a saúde dos consumidores. Estes resíduos podem ter efeitos prejudiciais para a saúde humana, conduzindo potencialmente a problemas de saúde a longo prazo.

Dado o impacto económico significativo das doenças da goiaba e o seu efeito prejudicial na qualidade dos frutos, esta investigação foi realizada para abordar estas questões prementes. O estudo teve lugar no Departamento de Fitopatologia da N. M. College of Agriculture, Navsari Agricultural University, Navsari, durante o ano académico de 2022-2023. Reconhecendo a importância desta investigação para a comunidade agrícola, foi tomada a decisão de prosseguir este estudo com objectivos específicos em mente. Estes objectivos visam fornecer conhecimentos práticos e valiosos que possam beneficiar os agricultores, reforçando a sua capacidade de gerir eficazmente esta doença, melhorando assim tanto o rendimento como a qualidade da produção de goiaba. Espera-se que os resultados desta investigação ofereçam benefícios tangíveis aos agricultores, contribuindo para a sustentabilidade e a rentabilidade globais da cultura da goiaba.

Objectivos

1. Recolha e isolamento do agente patogénico associado ao cancro da goiaba
2. Identificação, sintomatologia e patogenicidade do agente patogénico associado ao cancro da goiaba
3. Estudar os parâmetros meteorológicos com o progresso da doença
4. Avaliar a eficácia de diferentes fungicidas e bio-racionais contra o agente patogénico *in vitro*
5. Gestão do cancro da goiabeira em condições de campo

CAPÍTULO 2

REVISÃO DA LITERATURA

A goiaba (*Psidium guajava* L.) é uma das mais importantes culturas frutícolas cultivadas comercialmente em diferentes partes da Índia, bem como em Gujarat. É afetada por muitas doenças que diminuem o seu valor económico. A goiaba é suscetível a um grande número de doenças fúngicas e bacterianas. O cancro do fruto causado por *Pestalotiopsis psidii* (Kwee e Chong) é uma das principais e mais importantes doenças da goiabeira.

O trabalho de investigação sobre esta doença é limitado nas condições do Sul de Gujarat. Por conseguinte, tenta-se apresentar um breve resumo dos trabalhos efectuados por vários cientistas na Índia e no estrangeiro relacionados com a presente investigação. Os trabalhos publicados relevantes disponíveis sobre outras culturas frutícolas são revistos e apresentados no presente documento.

2.1 RECOLHA E ISOLAMENTO DO AGENTE PATOGÉNICO ASSOCIADO AO CANCRO DA GOIABA

2.1.1 Associação de *Pestalotiopsis*

Venkatakrishniah (1952) observou que tanto *Glomerella psidii* como *Pestalotia psidii* eram frequentemente encontrados em cancros em frutos jovens e maduros de goiaba, bem como em manchas foliares em Mysore.

Srivastava *et al.* (1964) registaram a presença de *Pestalotia psidii* nas raízes, folhas e frutos de goiaba.

Cardoso *et al.* (2002) descreveram a ocorrência inicial severa de *Pestalotiopsis psidii* e *Lasiodiplodia theobromae*, resultando na podridão do caule de plantas de goiabeira no estado do Ceará, Brasil. Esta doença atinge principalmente plantas jovens nos pontos de enxertia.

Awasthi *et al.* (2003) efectuaram um estudo de vários pomares, viveiros e mercados, de janeiro de 2002 a agosto de 2003, nas novas planícies aluviais de Bengala Ocidental, na Índia. Estudaram a situação da doença de várias culturas frutícolas importantes e descobriram que a murchidão, causada por *Macrophomina phaseolina*, era um problema significativo nos pomares e viveiros de goiaba. Além disso, referiram a podridão pós-colheita causada por *Pestalotiopsis psidii* como outro problema prevalecente que afecta a goiaba.

Sergeeva *et al.* (2005) relataram a presença de vários géneros de celomíceos portadores de apêndices, incluindo *Pestalotiopsis*, em videiras na Austrália. Registaram especificamente a ocorrência de *Pestalotiopsis meneresiana*, *Pestalotiopsis uvicola* e outras espécies relacionadas. Os estudos de infeção demonstraram que é mais provável que *P. uvicola* infecte os bagos de videira em fases posteriores do seu desenvolvimento do que em fases iniciais.

Ray *et al.* (2007) investigaram as doenças dos frutos da goiabeira em Bengala Ocidental e verificaram que a podridão dos frutos causada *por Phytophthora nicotianae* e o cancro dos frutos causado por *Pestalotiopsis psidii* eram altamente prevalecentes na região.

Ismail *et al.* (2013) examinaram vinte e um isolados de *Pestalotiopsis* spp. associados a manchas cinzentas observadas nas folhas, galhos e panículas de mangueiras colhidas em seis pomares na Sicília, Itália.

2.1.2 Recolha e isolamento

Agarwal e Hasija (1974) isolaram com sucesso *Pestalotiopsis versicolor* (Speg.) Steyaert de citrinos infectados em Jabalpur.

Majumdar e Pathak (1997) isolaram *Pestalotiopsis versicolor* (Speg.) Steyaert de frutos infectados de goiaba (*Psidium guajava* L.) variedade Allahabad Safeda.

Espinoza *et al.* (2008) registaram a presença de sintomas de cancro e de morte na zona produtiva de mirtilo do Chile. Identificaram consistentemente espécies de *Pestalotiopsis* e *Truncatella* em amostras doentes recolhidas em 22 locais distintos.

Srivastava e Lal (2009) relataram a ocorrência de agentes patogénicos fúngicos pós-colheita que afectam a goiaba e a banana em Allahabad. *Rhizopus stolonifer* (20%) surgiu como um agente patogénico pós-colheita predominante nas amostras, seguido de *Pestalotiopsis psidii* (18,46%) na goiaba e *Fusarium* sp. (28,3%) na banana.

Hopkins (1996) recolheu plantas ornamentais resistentes com sintomas de *Pestalotiopsis* em viveiros no Reino Unido e isolou o fungo através da técnica de isolamento de tecidos em meio PDA, incubando depois à temperatura ambiente. Após o desenvolvimento do crescimento fúngico, os pedaços de cultura foram transferidos para placas de PDA para purificar a cultura. Identificou os isolados de *Pestalotiopsis* com base em caraterísticas morfológicas e culturais, medindo as dimensões dos conídios e apêndices e examinando a cor dos conídios e das culturas em placas de Petri.

Surwade (2013) isolou com sucesso *Pestalotiopsis psidii*, o agente causal do cancro da goiaba, de frutos imaturos e maduros em Rahuri. Posteriormente, a cultura foi purificada e cultivada em meio PDA.

Eman El-Argawy (2015) recolheu amostras naturalmente infectadas de frutos e folhas da cultivar de goiaba (cv. Balady) aleatoriamente de diferentes pomares no Egito. As amostras foram lavadas e desinfectadas à superfície com etanol a 70% (v/v) durante 1 min e NaOCl a 1% (v/v) (1 min), seguido de enxaguamento com água destilada estéril e deixadas secar à superfície. Em seguida, as amostras foram cortadas em pequenos pedaços e colocadas em placas de PDA. As placas foram embrulhadas e incubadas a 25 ± 2°C durante 3 dias no escuro. Para a purificação dos isolados (*Pestalotiopsis psidii*, *Pestalotiopsis microspora*, *Pestalotiopsis clavispora*, *Pestalotiopsis neglecta* e *Pestalotiopsis* spp.), as pontas das hifas das colónias de fungos emergentes foram transferidas para placas de ágar e as culturas purificadas foram armazenadas em placas de PDA a 4°C.

Nabakishor (2015) recolheu frutos maduros de goiaba verde-amarelada da cultivar "Allahabad Safeda" no mercado de fruta de Allahabad. Foram isolados nove agentes patogénicos fúngicos pós-colheita, tendo *Pestalosia psidii* (causador do cancro do fruto) e *Gloeosporium psidii* (causador da antracnose) a maior incidência. Para o isolamento, as partes dos frutos doentes foram cortadas em pedaços de 2-3 mm, esterilizadas à superfície com cloreto de mercúrio a 0,1 por cento durante 30 segundos, lavadas em água destilada esterilizada e colocadas em placas de Petri sobre ágar dextrose de batata solidificado. Estas placas foram incubadas a 28 ± 1°C e observadas após 3-4 dias. As hifas fúngicas que cresciam nos pedaços de frutos infectados foram identificadas ao microscópio, purificadas em placas de PDA e mantidas através de subculturas periódicas.

Verma e Verma (2015) isolaram *Pestalotiopsis versicolor*, causador da podridão dos frutos da aonla em Jabalpur, Madhya Pradesh, através da técnica de isolamento de tecidos. Após a incubação, surgiu um crescimento branco de uma colónia de fungos em placas de Petri. A cultura foi purificada e mantida. O agente patogénico foi identificado após estudo cultural e microscópico e por consulta da literatura.

Bhogal (2020) isolou os fungos *Pestalotiopsis psidii* das amostras de frutos doentes que apresentavam sintomas típicos do cancro da goiaba em Solan, Himachal Pradesh, através da técnica de isolamento de tecidos em meio PDA e incubou-os à temperatura ambiente numa incubadora BOD durante sete dias. Após o início do crescimento fúngico nas placas/placas inoculadas, retirou-se um pouco de ágar da periferia do micélio em crescimento ativo e colocou-se em placas de PDA esterilizadas para purificar a cultura, que foi depois mantida no frigorífico a 5°C.

Yaouba *et al.* (2021) recolheram amostras doentes dos Camarões e isolaram os fungos *Pestalotiopsis microspora* dos frutos de ananás doentes que apresentavam sintomas de podridão através da técnica de isolamento de tecidos em meio de cultura PDA e incubaram a 25°C durante três dias. Após desenvolvimento das colónias fúngicas, a parte da cultura foi transferida para novas placas de Petri e placas de PDA para purificar a cultura e a cultura purificada foi armazenada no frigorífico.

Darapanit *et al.* (2021) recolheram 53 amostras doentes pertencentes a oito espécies de plantas, *nomeadamente*, jaca, rambutan, ameixa, abacate, morango, frutos de cobra, mangostão e maçã rosa, que apresentavam sintomas de ferrugem das folhas e podridão dos frutos na Tailândia, causada por *Pestalotiopsis* spp. e géneros relacionados, em pomares privados da Tailândia. As amostras foram registadas, fotografadas e levadas para o laboratório para isolamento micológico através da técnica de isolamento de tecidos em meio PDA e incubadas a 25 ± 2°C durante 3 dias, sendo monitorizadas diariamente. Após a incubação, os isolados fúngicos foram examinados e transferidos para novas placas de PDA para identificação.

2.2 IDENTIFICAÇÃO, SINTOMATOLOGIA E PATOGENICIDADE DO AGENTE PATOGÉNICO ASSOCIADO AO CANCRO DA GOIABEIRA

2.2.1 Identificação e sintomatologia do agente patogénico associado ao cancro dos frutos da goiabeira

Patel *et al.* (1950) relataram que a infeção apareceu nos frutos da goiabeira, apresentando lesões que variavam de poucas a numerosas, caracterizadas por formas semelhantes a crateras com centros escuros deprimidos e periferias irregulares um pouco elevadas. Além disso, foram observados acérvulos minúsculos de cor preta na região central deprimida da maioria das lesões. Quando estes frutos afectados foram mantidos numa câmara húmida, o micélio branco e cotonoso emergiu das lesões, tendo sido identificado como *Pestalotia psidii*.

Venkatakrishniah (1952) descreveu os sintomas caraterísticos do cancro observados tanto em frutos verdes jovens como maduros de goiaba em Mysore. Inicialmente, surgem pequenas manchas circulares nos gomos, cálice e folhas, que aumentam gradualmente, escurecem para preto ou castanho e acabam por se fundir com lesões adjacentes. Em casos graves, desenvolvem-se numerosas manchas elevadas e cancerosas, levando à quebra dos frutos e à exposição das sementes. Os frutos infectados não amadurecem, tornando-se duros, deformados e mumificados, resultando numa queda significativa de frutos. Ocasionalmente, podem também aparecer nas folhas pequenas manchas angulares de cor castanha ferrugenta.

Verma e Sharma (1976) descreveram o cancro da goiabeira como sendo marcado por manchas vermelhas que aparecem tanto nos frutos jovens como nos maduros. Nos frutos jovens, estas manchas eram superficiais e causavam danos mínimos. Ocasionalmente, as áreas afectadas tornam-se sarna, exibindo manchas irregulares, afundadas, castanhas a castanhas profundas, com uma textura dura, lenhosa e cortiça e margens fendidas, medindo tipicamente cerca de 2-3 cm de diâmetro. O tecido interno apresentava uma tonalidade esverdeada. Durante os meses de inverno, era comum a ocorrência de crostas de cortiça, enquanto na estação das chuvas predominavam manchas vermelhas na superfície do fruto.

Rai *et al.* (1982) relataram *Pestalotiopsis palmarum* (Cooke) Steyaert como o agente causador da podridão dos frutos da baga (*Ziziphus mauritiana* Lamk.). Observaram que a doença se apresentava inicialmente como lesões pequenas, redondas a ovais, encharcadas de água nos frutos da baga, que subsequentemente aumentavam e se tornavam castanhas escuras após 5-6 dias. Inicialmente, o micélio branco e cotonoso apareceu na área afetada, espalhando-se gradualmente para cobrir todo o fruto e produzindo numerosos acérvulos negros. O mesocarpo também escureceu devido à acumulação de acérvulos, resultando finalmente na deformação do fruto infetado.

Chand *et al.* (1986) observaram que a doença da podridão dos frutos afectava tanto as folhas como os frutos da goiaba, da baga e da falsa. Nos frutos, os sintomas se assemelhavam a crostas, com a presença de acérvulos de cor marrom-escura a preta nessas manchas.

Joshi e Raut (1992) referiram que a intensidade da doença do míldio cinzento das folhas em cravos-da-índia jovens (1-10 anos de idade) na região de Konkan, em Maharashtra, causada por *Pestalotia (Pestalotiopsis) versicolor*, resultou na queda de folhas, deixando ramos estéreis com rebentos jovens, diminuindo assim o vigor da planta.

Karakaya (2001) relatou a primeira incidência de infeção de kiwi por *Pestalotiopsis* sp. na Turquia. Manchas foliares ocasionalmente cobriam porções significativas de folhas infectadas, dando uma aparência de ferrugem. Os sintomas nos frutos incluíram o desenvolvimento de áreas marrons, afundadas e murchas, variando de 0,5 a 3,0 cm de diâmetro.

Khalequzamman *et al.* (2003) identificaram *Pestalotia sapotae* (Henn.) como o agente causal da mancha foliar da sapota no Bangladesh. Observaram que a doença se manifestava inicialmente como numerosas manchas pequenas, castanho-avermelhadas, na lâmina foliar, que se expandiam gradualmente para formar manchas mais ou menos circulares, medindo 1-3 mm de diâmetro. As manchas totalmente desenvolvidas apresentavam lesões centradas em cinzento.

Keith *et al.* (2006a) identificaram os isolados de *Pestalotiopsis* spp. no Havaí inicialmente comparando caraterísticas morfológicas e culturais (*i.e*, tamanho dos conídios, cor e comprimento das células medianas, espessura e comprimento dos apêndices apicais e comprimento do apêndice basal) também observaram sintomas do cancro da goiabeira como lesões cinzentas ou castanhas claras rodeadas por bordos castanhos escuros nas folhas e lesões castanhas, elevadas, cortiça e necróticas no exocarpo dos frutos, que progrediram à medida que os frutos amadureciam.

Ko *et al.* (2007) registaram a primeira ocorrência da doença da mancha cinzenta da folha na manga (*Mangifera indica*) causada por *Pestalotiopsis mangiferae* em Taiwan. Os sintomas iniciais foram observados como pequenas manchas amarelas a castanhas que variavam de alguns milímetros a alguns centímetros de diâmetro nas folhas. Posteriormente, estas manchas evoluíram para manchas de forma irregular, tornando-se brancas a cinzentas e coalescendo para formar áreas cinzentas maiores. As lesões apresentavam margens escuras ligeiramente elevadas. A identificação morfológica confirmou que os isolados conidiais do fungo são *Pestalotiopsis mangiferae*.

Valencia *et al.* (2011) relataram sintomas de podridão da extremidade do caule pós-colheita em abacate no Chile causados por *Pestalotiopsis clavispora* e *Pestalotiopsis* spp. como lesões pequenas, irregulares e castanhas na casca na extremidade do caule. As lesões aumentam rapidamente, tornam-se afundadas e moles, acabando por abranger todo o fruto à medida que a maturação progride. Um micélio branco desenvolveu-se frequentemente à volta da cavidade do pedúnculo. Foi observada uma necrose castanha escura da polpa, que abrangia uma grande parte da polpa à medida que os frutos amadureciam.

Bhanwar *et al.* (2012) identificaram e examinaram *Pestalotiopsis* spp. responsável pela doença da mancha foliar na palmeira rabo-de-peixe na Índia. Nas folhas doentes, as manchas distinguiam-se pelo seu pequeno tamanho, variando de 2-4 mm a 5-8 cm de comprimento, e a sua cor variava de amarelo a castanho a preto. Apresentavam formas irregulares com margens castanhas escuras a pretas e um centro castanho. Com o passar do tempo, as manchas nas folhas tornam-se tipicamente cinzentas com um contorno preto. Em condições óptimas, as manchas expandem-se e multiplicam-se até coalescerem, dando origem ao míldio foliar.

Keith e Matsumota (2013) observaram que *Pestalotiopsis* provocou o desenvolvimento de manchas e nódoas castanhas nas folhas rodeadas por halos amarelos brilhantes num pomar de mangostão situado em Hakalau, no Havai.

Surwade (2013) descreveu os sintomas da doença do cancro da goiabeira causada por *Pestalotiopsis psidii* que se manifestam nas folhas e no exocarpo dos frutos jovens (tamanho de uma cabeça de alfinete), progredindo à medida que os frutos aumentam de tamanho. Os sintomas iniciais nos frutos apareceram como pequenas manchas encharcadas de água, que mais tarde escureceram e se tornaram necróticas. Com o tempo, estas manchas expandiram-se para manchas discretas, circulares, castanho-escuras a pretas, que se fundiram para formar uma aparência de crosta. À medida que os frutos amadureciam, as pequenas lesões de cortiça rompiam-se frequentemente, dando origem a crostas de cortiça elevadas. Os sintomas nas folhas começaram como pequenas manchas castanhas escuras que se expandiram para formar círculos cinzentos/castanhos claros rodeados por uma borda castanha escura . Em casos graves, as lesões desenvolveram-se em grandes porções de uma única folha, tendo sido também observadas lesões nos caules e nos frutos.

Eman El-Argawy (2015) isolou quarenta e três isolados de *Pestalotiopsis* spp. de folhas e frutos de goiaba com sintomas de sarna em várias regiões da província de El-Beheira. Com base nas caraterísticas morfológicas da colónia de fungos (incluindo a cor da colónia, o tamanho e a presença de vários acérvulos) e dos conídios (como o comprimento, a largura e a cor das células medianas, bem como o comprimento e o número de apêndices apicais e basais), foram identificadas cinco espécies de *Pestalotiopsis*.

Moustafa *et al.* (2015) examinaram as folhas doentes da mancha foliar de *Pestlotia* em goiabeiras no Egito. As folhas apresentavam forma de taça e manchas semelhantes a oídio na superfície inferior, especialmente nas margens das folhas.

Pruthviraj (2018a) investigou a praga de *Pestalotiopsis* da romã causada por *micrósporos de Pestalotiopsis* em Shivamogga, que apresentou sintomas variados nos frutos. Inicialmente, apareceram pequenas manchas no exocarpo dos frutos jovens, que progrediram à medida que os frutos aumentavam de tamanho. Estas manchas eram inicialmente minúsculas e cinzentas, escurecendo e tornando-se necróticas com o tempo. Eventualmente, as pequenas manchas expandiram-se em manchas discretas, irregulares e de cor castanha escura a cinzenta, que se fundiram para formar um aspeto geral de praga. À medida que os frutos amadureciam, as pequenas lesões de cortiça rompiam-se frequentemente, contribuindo para o aspeto de praga.

Pruthviraj (2018b) identificou *Pestalotiopsis microspore* com base nas caraterísticas morfológicas e observações microscópicas do fungo isolado em Shivamogga. Os conídios tinham três a cinco células, com células apicais e basais hialinas e três células medianas castanhas claras com tons variáveis de verde-azeitona. Estavam também presentes apêndices apicais e basais.

Gowda (2020) descreveu os sintomas da doença do míldio cinzento causada por *Pestalotiopsis* spp. em folhas de coqueiro em Shivamogga. Os sintomas iniciais apareceram como pequenas manchas amarelas ou castanhas rodeadas por uma faixa acinzentada nos folíolos. À medida que a doença progride, estas manchas desenvolvem um centro acinzentado com uma margem castanha escura. Em casos graves, as manchas castanhas coalesceram, levando a uma extensa praga nas folhas. Os sintomas foram observados predominantemente nas folhas inferiores do coqueiro, especialmente nas espirais externas das folhas maduras.

Juliana e Natalia (2020) relataram sintomas de mancha foliar e podridão de frutos de *Pestalotia* em morango na Flórida. As manchas nos frutos jovens têm 2-4 mm de diâmetro, são secas, de cor bronzeada clara, ligeiramente afundadas e de forma irregular. As lesões aumentam de tamanho e acabam por ser cobertas por corpos de frutificação escuros, que exsudam esporos em gotículas de matriz líquida preta brilhante. Os esporos são exsudados em gotículas pretas e também em colunas escuras de fuligem quando a humidade relativa é elevada. A mancha maciça produz frequentemente uma necrose semelhante a uma praga em vastas áreas da folha, acabando por a matar.

Daranipat *et al.* (2021) identificaram os isolados de *Pestalotiopsis* spp. de oito espécies de plantas *viz*, jaca, rambutan, ameixa, abacate, morango, frutos de cobra, mangostão e maçã rosa na Tailândia, com base nas caraterísticas macroscópicas dos fungos, como a cor da colónia, o diâmetro da colónia e os exsudados de cada isolado e as caraterísticas microscópicas, como acérvulos e caraterísticas conidiais, sob um microscópio estéreo e um microscópio composto e comparados com as caraterísticas das chaves de identificação e descrições de espécies.

2.2.2 Caracteres culturais e morfológicos

Rai *et al.* (1982) relataram que o fungo *Pestalotiopsis palmarum* (Cooke) Steyaert, que causa a podridão da baga (*Zizyphus mauritiana* Lamk.), produz micélio branco a cremoso. As hifas são hialinas, septadas, ramificadas e com 2,2-3,3 g de largura. Os acérvulos são pequenos, pretos, circulares e dispersos ou, por vezes, mais ou menos agregados. Os conídios são 5 células e fusóides, medindo 18,0-24,5 x 5,0-8,2 gm. Eles têm três células coloridas que são castanho-canela e constritas perto dos septos, medindo 11,0-15,8 gm de comprimento. A célula média é versicolor e a célula final é hialina. A célula superior apresenta 2-3 setas hialinas, ocasionalmente ramificadas, raramente espatuladas, com 22-28 g de comprimento. A célula basal é conoide com um pedicelo, com 2-5 gm de comprimento.

Venkatakrishniah (1952) estudou a morfologia de *Pestalotia psidii* que provoca o cancro da goiabeira em Mysore e observou que o micélio formava um crescimento espesso, branco puro e cotonoso, com acérvulos que se desenvolviam como crostas negras, brilhantes e húmidas nas culturas. Os conídios eram fusiformes, de cor escura em massa e com 5 células. A célula cónica da extremidade superior tinha tipicamente três apêndices longos, finos, incolores e simples, embora por vezes fossem observados 25 apêndices. Os apêndices mediam 7-17 |im de comprimento, e os conídios mediam 17-24 x 5-7 ^m no hospedeiro. Os conídios germinaram facilmente em água destilada estéril em 3 horas, geralmente a partir das células terminais hialinas.

Rao (1965) efectuou um estudo sobre a morfologia de *Pestalotia* sp. que afectava a manga e a goiaba em Jabalpur. O micélio era hialino, septado e ramificado. Os acérvulos estavam submersos, eram castanho-escuros a enegrecidos e desenvolveram-se em três dias. Numerosos conídios emergiram em conidióforos curtos da superfície da camada estromática. Os conídios eram tipicamente de 5 células, oblongos ou elíptico-fusóides, erectos ou ligeiramente curvados, e ligeiramente apertados nos septos. A célula média era altamente acastanhada e abaulada, enquanto as outras duas células eram oliváceas. As células terminais são hialinas, com a célula cónica apical que se prolonga em três apêndices hialinos alongados. A célula basal era obtusa com um pedicelo curto. Os conídios mediam 12-26 x 5,6-8,8 |im, com um tamanho médio de 19 x 7,2 |im, e as setas tinham 4-19 |im de comprimento.

Agarwal e Hasija (1974), de Jabalpur, relataram que *Pestalotiopsis versicolor* (Sreg.) Steyaert causa podridão em citrinos. Em cultura, este fungo produziu acérvulos de cor escura, com conídios suportados em pequenos conidióforos. Os conídios eram 3 a 5 septados, a maioria 4-septados, com células centrais de cor escura e células terminais hialinas. Três cílios estavam presentes na extremidade apical. Os conídios mediam 15-25 x 3,3-5 |im, com um tamanho médio de 20 x 4,5 ^m.

Prakash e Singh (1975) relataram que o fungo *Pestalotiopsis versicolor* (Sreg.) Steyaert, causador da mancha foliar da bananeira, produzia conídios em cultura com 5 células, clavados ou elípticos e fusiformes, medindo 20-22,5 x 7-8,5 ^m de diâmetro. As células intermediárias eram coloridas e mediam 13-18,2 ^m de comprimento. As duas células coloridas superiores eram fuliginosas, opacas e inchadas, enquanto a célula colorida inferior era olivácea e constrita nos septos de divisão. As células apicais eram hialinas, curtas, cónicas ou cilíndricas, e consistiam em três setas divergentes medindo 7,5-20,5 |im de comprimento.

As células basais eram hialinas, curtas, obtusas ou conóides, com pedicelos de até 5 g de comprimento.

Patel e Patel (1981) observaram que os conídios de *Pestalotia sapotae*, isolados de folhas de sapota, mediam 23-31 x 5-7 gm e tinham 3-4 septos. Cada conídio tinha apêndices filiformes na ponta, geralmente em número de três.

Raj (1993) referiu que os conídios têm 4 a 5 células, com duas ou três células centrais castanhas escuras, e têm dois ou mais apêndices apicais ou pêlos. Os conidióforos são produzidos no interior de estruturas de frutificação compactas.

Jeewon *et al.* (2002) relataram que *Pestalotiopsis* é caracterizada por esporos com células medianas pigmentadas, predominantemente quatro euseptadas. Estes esporos também apresentam dois a quatro apêndices apicais que surgem como extensões tubulares da célula apical, juntamente com um apêndice basal central.

Younis *et al.* (2004) referiram que, de entre os vários meios testados, o meio PDA resultou no crescimento micelial máximo e na produção de acérvulos de *Pestalotia psydii*, o agente causal do dieback em goiaba (*Psidium guajava* L.).

Gupta *et al.* (2007) estudaram a morfologia de *Pestalotiopsis* sp. obtido das florestas de mangue de Bhitarkanika, Orissa, Índia. A morfologia do desenvolvimento fúngico foi observada através da cultura em meio de ágar dextrose de batata, onde formou acérvulos castanho-escuros. *Pestalotiopsis* esporulou profusamente na presença de luz e também cresceu bem na presença de NaCl.

Rokade (2009) estudou a morfologia de *Pestalotiopsis* spp. que causa a mancha cinzenta das folhas do coqueiro em Navsari. Ele observou que os conídios eram cinco células, medindo de 20 a 27,5 x 7,5-10 gm, com um tamanho médio de 23,12 x 8,21 gm. As caraterísticas morfológicas de *Pestalotiopsis* spp. variam dentro do género e podem ser distinguidas pela forma e cor dos conídios, conidióforos, hifas, micélios, apêndices e acérvulos.

Surwade (2013) identificou o fungo *Pestalotiopsis psidii* que causa o cancro da goiaba com base na morfologia conidial em Rahuri. Os conídios tinham cinco células, com células hialinas apicais e basais, e três células medianas que eram castanho-claro a castanho-escuro com vários tons de verde-oliva. Os conídios mediam 21,7 a 27,7 gm de comprimento e 5,5 a 7,5 gm de largura. Os apêndices basais eram hialinos, rectos ou ligeiramente curvos, e mediam 2,8 a 5,3 gm de comprimento. Havia quatro apêndices apicais, com comprimentos variando de 11,8 ± 0,6 a 26,5 ± 1,1 pm.

Eman El-Argawy (2015) isolou e cultivou *Pestalotiopsis* spp. a partir de folhas e frutos de goiaba a 25 ± 2°C com luz contínua, depois examinou a cultura após 7 dias na província de El-Beheira. A cor da colónia foi identificada. Para determinar o tamanho dos esporos, o comprimento e a largura de 30 a 40 conídios selecionados aleatoriamente de cada isolado foram medidos a partir de uma suspensão conidial preparada em água destilada estéril (SDW). Os isolados foram inicialmente identificados com base nas suas caraterísticas morfológicas e culturais, incluindo o tamanho dos conídios, a cor e o comprimento das células medianas e a espessura e o comprimento dos apêndices apicais.

Fernandez *et al.* (2015) isolaram *Pestalotiopsis guepinii* de mirtilo na Argentina e descobriram que o fungo criou colónias brancas e fofas em ágar dextrose de batata, expandindo-se para cerca de três centímetros de largura em cinco dias. Observaram muitos conidiomas pretos, acervulados, que libertavam muitas massas conidiais. Os conídios tinham a forma de fusos alongados, eram rectos e tinham cinco células. Mediam entre 20,0 e 28,7 pm de comprimento (com uma média de 22,8 pm) e 6,0 a 8,6 pm de largura (com uma média de 7,4 pm).

Ghuffar *et al.* (2018) examinaram 29 isolados de *Pestalotiopsis* spp. responsáveis pela podridão pós-colheita em uvas (*Vitis vinifera* L.) em Punjab (Paquistão). Morfologicamente, os conídios eram fusiformes, rectos ou ligeiramente curvos, compreendendo 4 a 5 células, e mediam 19,7 a 30,2 x 4,8-6,2 pm. Os conídios apresentavam uma cor âmbar escura a olivácea com uma faixa mais escura no septo entre as células. Cada conídio apresentava de dois a três apêndices apicais (22,6 ± 0,6 pm de comprimento) que não eram nodosos, enquanto a extremidade basal apresentava um único apêndice com uma ponta nodosa, medindo 5,7 ± 0,4 pm de comprimento. Com base na morfologia da colónia e dos conídios, os isolados foram identificados como *Pestalotiopsis clavispora.*

Pruthviraj (2018) estudou os caracteres culturais e morfológicos do *micrósporo de Pestalotiopsis* que causa o míldio da romã em Shivamogga. Observou que os conídios dos fungos tinham a forma de fusos ou paus, consistindo em cinco células com três células coloridas no meio e duas células hialinas. A célula clara superior tinha duas pequenas extensões celulares chamadas setas. Por baixo da célula hialina inferior, havia um pedicelo hialino curto. As três células intermédias eram castanhas claras com diferentes tonalidades de verde azeitona. O comprimento dos conídios variava de 25,3 a 29,6 pm, e a sua largura variava de 3,2 a 4,3 pm.

Kore (2021) isolou o agente patogénico *Pestalotiopsis psidii* de frutos de goiaba infectados em Dapoli. O agente patogénico foi identificado com base nas suas caraterísticas morfológicas e culturais. Produz micélio branco, septado, e conídios que medem 17,6-25,5 x 5,5-7,1 цт. Os conídios apresentam quatro apêndices, conhecidos como setulae, quando cultivados em meio de ágar batata dextrose.

Sultana *et al.* (2022) utilizaram o método de plantação de tecidos para isolar um agente patogénico fúngico, confirmando a sua identidade como *Pestalotiopsis* sp. através da caraterização morfológica e molecular no Bangladesh. Os seus resultados indicaram que *Pestalotiopsis* sp. apresentou o maior crescimento micelial radial em meio de ágar dextrose de batata (PDA). O crescimento vegetativo ótimo do fungo foi observado a 25°C em PDA, embora uma gama de temperaturas possa também ser adequada para o seu crescimento.

Barge (2023) identificou *Pestalotiopsis* spp. causando sarna da goiaba em Rahuri com base em suas caraterísticas morfológicas e culturais. O patógeno produz micélio branco, septado, medindo 21,6-27,6 x 5,5-7,5 μm de tamanho. Foram observados conídios distintos com quatro apêndices, conhecidos como setulae, em meio de ágar dextrose de batata.

2.2.3 Caracteres moleculares

Keith *et al.* (2006) realizaram um estudo com DNA de 22 isolados de goiaba e 6 isolados de hospedeiros alternativos no Havaí, utilizando PCR com primers ITS1 e ITS4 para amplificar a sequência ITS rDNA das regiões 1 e 2, incluindo o gene 5.8S rDNA. Os produtos da PCR, variando de 550 a 615 pb, foram sequenciados e alinhados, revelando diferenças concentradas nas regiões ITS, enquanto o rDNA 5.8S foi mais conservado entre *Pestalotiopsis* spp. Usando a pesquisa BLAST, as sequências foram confirmadas até o nível de espécie, e ambas as cadeias de DNA foram sequenciadas para verificação.

Joshi *et al.* (2009) utilizaram marcadores RAPD e ISSR para investigar as caraterísticas moleculares de *Pestalotiopsis* spp. associadas ao chá do sul da Índia. Identificaram um total de 255 loci polimórficos com tamanhos de banda que variavam de 0,2 a 3,0 kb utilizando marcadores RAPD. Do mesmo modo, os marcadores ISSR revelaram 195 loci polimórficos com tamanhos de banda que variam entre 0,25 e 3,2 kb, mostrando um padrão comparável ao da análise RAPD.

Kamhawy *et al.* (2011) utilizaram seis primers diferentes para investigar a variação genética entre quinze isolados *de Pestalotiopsis* recolhidos de vários hospedeiros e locais no Egito. A análise RAPD-PCR foi utilizada para determinar os graus de semelhança entre estes isolados. Os resultados indicaram que os isolados do mesmo hospedeiro não estavam necessariamente relacionados filogeneticamente. No entanto, foi observada uma relação filogenética próxima entre os isolados com caraterísticas morfológicas semelhantes. Todos os primers utilizados no estudo revelaram um elevado grau de semelhança genética entre os isolados testados, sublinhando a homogeneidade genética dentro dos isolados *de Pestalotiopsis*, apesar das suas origens diversas.

Watanabe *et al.* (2012) examinaram a morfologia e a filogenia molecular de *Pestalotiopsis* (Coelomycetes) em Machida, Tóquio. Foram descobertos dois tipos de padrões de sequência I.T.S. 2 no género de fungos *Pestalotiopsis*.

Eman El-Argawy (2015) isolou quarenta e três isolados de *Pestalotiopsis* spp. de folhas e frutos de goiaba, que apresentavam sintomas de sarna de diferentes províncias de EL-Beheira. Cinco espécies de *Pestalotiopsis* foram reconhecidas de acordo com as caraterísticas morfológicas da colónia fúngica (cor da colónia, tamanho e número de acérvulos) e conídios (comprimento, largura e cor das células medianas, comprimento e número de apêndices apicais e basais); eram *P. psidii*, *P. microspora*, *P. clavispora, P. neglecta* e *Pestalotiosis* spp. A análise RAPD-PCR utilizando cinco iniciadores de oligonucleótidos aleatórios revelou impressões digitais de ADN, tendo sido reveladas variações consideráveis com os iniciadores testados. O iniciador Bar mostrou uma banda típica para todos os isolados e espécies de *Pestalotiopsis* a 500 pb. Ao mesmo tempo, os primers BAQ, 18 e A9B4 apresentaram um padrão de bandas semelhante para todos os isolados da mesma espécie que eram diferentes dos isolados das outras espécies.

Gowda (2020) efectuou um estudo sobre a caraterização molecular de oito isolados de *Pestalotiopsis* spp. recolhidos em vários locais de Shivamogga. O ADN destes isolados foi extraído e amplificado utilizando primers ITS-1 e ITS-4 através de PCR. Os produtos de PCR resultantes tinham aproximadamente 500 a 550 pb de tamanho para cada isolado, que foram depois sequenciados para obter sequências de alta qualidade de cerca de 550 nucleótidos. A região ITS desses isolados *de Pestalotiopsis* spp. foi analisada quanto à homologia de nucleotídeos e relações filogenéticas para identificar e classificar os isolados.

2.2.4 Patogenicidade do agente patogénico associado ao cancro dos frutos da goiabeira

Patel *et al.* (1950) realizaram e confirmaram um teste de patogenicidade de *Pestalotiopsis psidii* em goiaba, que mostrou que os frutos jovens e verdes da árvore eram altamente susceptíveis à infeção, enquanto as folhas raramente eram afectadas. Os frutos verdes feridos eram mais susceptíveis à infeção do que os não feridos, e só os frutos maduros, quando feridos, apresentavam níveis moderados de infeção.

Agarwal e Hasija (1974) demonstraram e verificaram um teste de patogenicidade em Jabalpur para verificar a capacidade de *Pestalotiopsis versicolor* (Speg.) Steyaert de causar a podridão dos frutos em citrinos, perfurando os frutos com uma agulha e inoculando-os depois com uma suspensão de esporos.

Rai *et al.* (1982) confirmaram que *Pestalotiopsis palmarum* (Cooke) Steyaert pode causar o apodrecimento dos frutos da bérberis (*Zizyphus mauritiana* Lamk.) pulverizando uma suspensão de esporos em frutos sãos e maduros da bérberis.

Senula e Ficke (1983) relataram a inoculação de maçãs verdes (foram testadas quatro cultivares) com uma cultura pura de *Pestalotia malorum.* Este método foi utilizado para concentrar os agentes patogénicos, o que facilitou a esporulação e levou à necrose da casca. Validaram o teste de patogenicidade deste isolado.

Arauz e Umana (1986) relataram que os conídios responsáveis por doenças pós-colheita da manga, atribuídos a *Pestalotia* spp. foram descobertos em acérvulos de folhas, frutos mumificados e panículas da colheita anterior. Confirmaram a patogenicidade destes isolados de fungos a partir de lesões necróticas nas folhas, com as quais foram inoculadas mangas maduras.

Ghani e Tondon (1989) validaram a patogenicidade de *Pestalotiopsis disseminata,* que causa manchas foliares em pêssegos. Os seus testes *in vitro* revelaram que as folhas feridas eram mais susceptíveis à infeção do que as não feridas. Além disso, *Pestalotia disseminata* demonstrou patogenicidade em 6 de 11 outras espécies de plantas testadas, incluindo a rosa e o damasco.

Hopkins (1996) efectuou um teste de patogenicidade de *Pestalotiopsis* em plantas de viveiro ornamentais resistentes no Reino Unido. Foram cortadas folhas saudáveis de plantas de reserva. Estas foram esterilizadas à superfície, lavadas com água destilada e esfregadas com uma lixa para criar uma área danificada para *Pestalotiopsis sydowiana* infetar. As folhas foram colocadas em placas de Petri sobre papel de filtro húmido e as brocas de cultura foram colocadas numa única folha excisada. Todas foram incubadas a 20°C. Os sintomas foram avaliados nas folhas após 14 dias de inoculação e o agente patogénico foi reisolado de partes de plantas doentes, tal como na cultura original.

Keith *et al.* (2006) comprovaram o teste de patogenicidade do patógeno da sarna da goiabeira pela técnica de inoculação direta no Havaí. Frutos saudáveis foram selecionados e a superfície desinfectada por imersão em solução de lixívia a 10% (hipoclorito de sódio a 0,5%) durante 2 minutos, depois enxaguados em água destilada esterilizada e secos ao ar numa estufa de fluxo laminar. Os frutos foram inoculados com discos miceliais de crescimento ativo (3 mm de diâmetro) e as amostras inoculadas foram incubadas à temperatura ambiente e o comprimento das lesões necróticas obtidas foi determinado 5 dias após a inoculação. Os controlos foram inoculados apenas com discos de PDA. Nos frutos produziram-se lesões castanhas e cortiça que se assemelham aos sintomas de . O fungo foi reisolado e a cultura patogénica assim obtida foi comparada com a cultura original de *Pestalotiopsis* spp.

Ko *et al.* (2007) realizaram testes de patogenicidade utilizando discos miceliais com três dias de idade e uma suspensão conidial (10^5 conídios/ml) obtida a partir de culturas com 8 a 10 dias de idade de *Pestalotiopsis mangiferae* em Taiwan. Observaram sintomas semelhantes em todas as folhas inoculadas aos encontrados em folhas de manga infectadas, das quais o patogéneo foi originalmente isolado. Em contrapartida, as folhas não inoculadas permaneceram sem sintomas. De forma consistente, *P. mangiferae* foi re-isolado das folhas inoculadas, satisfazendo assim os postulados de Koch.

Rokade (2009), de Navsari, investigou a patogenicidade de *Pestalotia palmarum* em folhas de coqueiro utilizando métodos de inoculação artificial, incluindo ferimentos por picada de alfinete, abrasão com escova de dentes e pulverização de suspensão de esporos. Entre estes métodos, a picada de alfinete provou ser o mais eficaz na demonstração da patogenicidade.

Alves *et al.* (2011) documentaram a primeira ocorrência de *Pestalotiopsis diospyri* causando cancro em árvores de caqui no sul do Brasil. Comprovaram a sua patogenicidade, observando danos severos e redução da produção associada à doença. Os postulados de Koch foram validados utilizando dois isolados do agente patogénico, identificando-o conclusivamente como *P. diospyri*.

Chen *et al.* (2012) cumpriram com sucesso os postulados de Koch para confirmar *Pestalotiopsis sydowiana* como o agente causal da necrose foliar em plantas de mirtilo vermelho em Cixicity. O fungo foi consistentemente reisolado das lesões das plantas inoculadas, estabelecendo assim uma relação causal. Este estudo marcou o primeiro relatório de *P. sydowiana* causando necrose foliar em *Myrica ruba* (mirtilo) na China.

Ismail *et al.* (2013) investigaram as caraterísticas e a patogenicidade de *Pestalotiopsis uvicola* e *Pestalotiopsis clavispora*, ambas responsáveis por causar a mancha cinzenta da folha em mangueiras em Silicy, Itália. Verificaram que os isolados representativos de ambas as espécies eram patogénicos quando inoculados artificialmente em folhas de manga destacadas. Este foi o primeiro relatório global de *P. uvicola* e *P. clevispora* causando a mancha cinzenta da folha em mangueiras.

Surwade (2013) verificou a patogenicidade do cancro da goiaba em Rahuri utilizando tampões miceliais contendo conídios para inoculação. Inocularam frutos de goiaba verde pálido a amarelo (cultivares Lucknow ou Lucknow 49) com *Pestalotiopsis psidii* e mantiveram-nos numa câmara húmida durante 7 a 10 dias. Cerca de 8 dias após a incubação, apareceram lesões castanhas e cortiça semelhantes aos sintomas de campo à volta dos locais de inoculação. Não foram observados sintomas em frutos de controlo não inoculados. O agente patogénico foi reisolado dos frutos artificialmente doentes, tendo sido obtida uma cultura patogénica. Após comparação, esta cultura coincidiu com a original.

Eman El-Argawy (2015) realizou testes de patogenicidade utilizando a técnica de inoculação direta em frutos de goiaba maduros recém-colhidos da árvore na província de El-Beheira. Antes da inoculação, os frutos foram submetidos a uma desinfeção superficial por imersão numa solução de lixívia a 10% (hipoclorito de sódio a 0,5%) durante 2 minutos, seguida de enxaguamento em água destilada estéril (SDW) e secagem ao ar numa capela de fluxo laminar. Posteriormente, os frutos foram colocados em câmaras de plástico com toalhas de papel humedecidas. Utilizando uma broca de cortiça esterilizada, foram feitas feridas nos frutos, que foram depois inoculadas com discos miceliais de crescimento ativo (3 mm de diâmetro) obtidos a partir de culturas fúngicas de *Pestalotiopsis* spp. com 5-7 dias de idade. As amostras inoculadas foram depois incubadas à temperatura ambiente (25 ± 2°C) e o comprimento das lesões necróticas foi medido 5 dias após a inoculação. Os controlos foram inoculados apenas com discos de PDA. Foram efectuadas três réplicas para cada isolado. Para satisfazer os postulados de Koch, os tecidos doentes foram cultivados em PDA e monitorizados quanto ao crescimento de colónias caraterísticas do agente patogénico.

Fernandez *et al.* (2015) demonstraram a patogenicidade de *Pestalotiopsis guepinii* na Argentina inoculando plantas de mirtilo com uma suspensão de esporos (1 x 105 conídios/ml) através de pulverização após as plantas terem sido feridas com agulhas flamejantes.

Sezer e Dolar (2015) realizaram um teste de patogenicidade de *Pestalotiopsis* sp. que causa cachos de frutos em avelãs na Turquia. O teste foi realizado em folhas destacadas e galhos destacados em estufa na Turquia. As folhas destacadas foram inoculadas pelo método de disco de ágar e os galhos destacados foram inoculados pelo método de suspensão de esporos, ambos incubados em estufa a 20-25°C durante 14 dias. Os sintomas foram avaliados como ferrugem nas folhas e nos ramos e o agente patogénico foi reisolado de partes de plantas doentes, tal como na cultura original.

Verma e Verma (2015) relataram o isolamento de *Pestalotiopsis versicolor* da podridão pré-colheita de frutos de Emblica officinalis em Jabalpur. O fungo causou inicialmente pequenas manchas circulares, pretas e ligeiramente afundadas nos frutos. Com o passar do tempo, estas manchas aumentaram rapidamente de tamanho, tornaram-se afundadas e conduziram a uma decomposição suave da polpa do fruto. Este foi o primeiro relato de *Pestalotiopsis versicolor* causando a podridão mole da aonla.

Pruthviraj (2018) confirmou a patogenicidade de *Pestalotiopsis microspora*, o agente responsável pelo míldio da romã em Shivamogga. As inoculações foram efectuadas em frutos de romã saudáveis através de alfinetagem. Os resultados revelaram que *P. microspora* foi capaz de infetar frutos de romã saudáveis, resultando no desenvolvimento de lesões castanhas, cortiça, com um centro acinzentado, rodeado por uma margem irregular, reminiscente dos sintomas de campo.

Bhogal (2020) demonstrou a patogenicidade de *Pestalotiopsis psidii*, causador do cancro da goiaba, utilizando o método do postulado de Koch em Solan, Himachal Pradesh. Foram selecionados frutos maduros saudáveis de goiaba de plantas de goiaba isentas de doença e lavados cuidadosamente com água da torneira, seguidos de uma lavagem com uma solução de hipoclorito de sódio a 1 por cento e de uma nova lavagem com água destilada esterilizada. Os frutos foram inoculados com a broca de cultura (5 mm) do agente patogénico e as partes inoculadas foram cobertas com fita adesiva, tendo os frutos sido colocados em exsicadores para incubação à temperatura ambiente. Os frutos de goiaba inoculados com o agente patogénico resultaram no aparecimento de uma camada de cortiça na parte infetada do fruto. Os frutos maduros de goiaba produziram sintomas após 1 dia de inoculação. O fungo foi reisolado e a cultura patogénica assim obtida foi comparada com a cultura original de *Pestalotiopsis psidii*.

Gowda (2020) realizou um teste de patogenicidade de *Pestalotiopsis* spp. em folhas de coqueiro estáveis no laboratório, utilizando o método da picada de agulha, em Shivamogga. Os sintomas observados em torno dos locais de inoculação após sete dias de incubação incluíam um centro castanho claro a acinzentado rodeado por uma margem castanha escura irregular, que correspondia aos sintomas observados no campo. O fungo foi re-isolado, confirmando a natureza patogénica da cultura obtida, que foi comparada com a cultura inicial *de Pestalotiopsis* spp.

Yaouba *et al.* (2021) provaram a patogenicidade de *Pestalotiopsis microspora* que causa a podridão pós-colheita do ananás nos Camarões. Foram utilizados ananases da variedade Smooth Cayenne, que foram lavados com água da torneira e desinfectados com etanol a 70% durante 3 minutos, depois enxaguados com água destilada estéril e secos ao ar. O fungo foi cultivado em meio PDA. Foi utilizada uma cultura pura de 10 dias como inóculo. A concentração de esporos foi ajustada para 3 x 10^{5} esporos/ml utilizando um hemacitómetro. Foram utilizadas brocas de cortiça de 5 mm de diâmetro para criar lesões de 3 mm de profundidade nos frutos de ananás. Utilizou-se uma micropipeta para deduzir 1 mm de suspensão de esporos que foram inseridos na área ferida, exceto nos frutos utilizados como controlo. Os tratamentos inoculados e de controlo foram incubados durante 10 dias à temperatura ambiente para o desenvolvimento da doença. O reisolamento do agente patogénico foi efectuado e comparado com o isolado original.

Barge (2023) confirmou a patogenicidade de *Pestalotiopsis* spp. que causa a sarna da goiaba em Rahuri. A patogenicidade foi determinada utilizando o método de inoculação de frutos destacados, em que micélio contendo conídios foi utilizado como inóculo. Frutos de goiaba verde pálido a amarelo foram artificialmente inoculados com *Pestalotiopsis* spp. e colocados numa câmara húmida durante 7 a 10 dias em condições in vitro. Cerca de 8 dias após a incubação, foram observadas lesões castanhas e cortiça nos locais de inoculação nos frutos.

2.3 ESTUDAR OS PARÂMETROS METEOROLÓGICOS COM O PROGRESSO DA DOENÇA

Sutarman *et al.* (2004), de Java Ocidental, verificaram que a precipitação, a humidade relativa e a temperatura são os componentes meteorológicos que afectam significativamente o aumento da gravidade da doença do míldio das agulhas em plântulas de *Pinus merkusii*, provocada por *Pestalotioa theae*. Verificaram também que um viveiro que cresce a uma temperatura de 26,5-30,5°C e a uma humidade relativa de 92-98% é o local mais adequado para o desenvolvimento da doença.

Pan e Mishra (2010) examinaram a influência dos factores meteorológicos, incluindo a temperatura, a precipitação total, o número de dias de chuva e a humidade relativa no desenvolvimento de várias doenças da goiabeira para fins de previsão, utilizando equações de regressão em Bengala Ocidental. A sua análise revelou que a matriz do coeficiente de correlação simples demonstrou uma correlação significativamente positiva entre a gravidade do cancro e a humidade relativa máxima, com um nível de significância de 1 por cento.

Moustafa *et al.* (2015), do Egito, estudaram *Pestalotia psidii*, que causa a doença da mancha foliar de Pestalotia em goiaba. Analisaram o papel dos factores meteorológicos no desenvolvimento da doença e referiram que era necessária uma semana com uma temperatura média de 20°C ou superior e 50% ou mais de UR média para o início da doença.

Bhogal (2020) estudou os diferentes parâmetros meteorológicos, como a temperatura máxima, a temperatura mínima e a humidade relativa, no desenvolvimento do cancro da goiaba em condições de campo em Solan, Himachal Pradesh. Os dados sobre a incidência da doença do cancro da goiaba causado por *Pestalotiopsis psidii* foram registados semanalmente e os dados sobre os parâmetros meteorológicos foram registados diariamente. A média de ambos os dados foi calculada como incidência mensal e correlacionada entre si. A análise de correlação simples revelou que a incidência média da doença estava negativa e significativamente correlacionada com a temperatura máxima mensal média (-0,792) e a temperatura mínima mensal média (-0,902), enquanto que estava correlacionada negativa e não significativamente com a humidade relativa mensal média (-0,05). No entanto, a análise de correlação parcial entre a incidência média da doença e os factores meteorológicos revelou que a incidência média da doença estava positiva e significativamente (0,997) correlacionada com a temperatura máxima mensal média, bem como com a humidade relativa mensal média (0,880), enquanto estava negativa e significativamente (-0,999) correlacionada com a temperatura mínima mensal média. Além disso, foi efectuada uma regressão múltipla para verificar o efeito dos parâmetros meteorológicos na incidência da doença e o estudo revelou que uma alteração unitária da temperatura máxima média, da temperatura mínima média e da humidade relativa média poderia influenciar a incidência da doença até 3,26, -4,50 e 0,13 unidades, respetivamente.

Sirisha *et al.* (2023) efectuaram experiências em Raichur para investigar o impacto de vários parâmetros meteorológicos no desenvolvimento da sarna da goiabeira causada por *Pestalotiopsis psidii*. As suas conclusões indicaram que, em todas as variedades, as interações entre as temperaturas máxima e mínima, a humidade relativa máxima e mínima, o número de dias de chuva e a precipitação apresentaram uma correlação positiva significativa com a sarna da goiabeira. A incidência e a gravidade da sarna da goiabeira foram registadas da seguinte forma: 23,21 por cento de incidência e 56,00 por cento de severidade para Allahabad Safed, 32,45 por cento de incidência e 68,50 por cento de severidade para Lucknow 49, e 85,00 por cento de incidência e 74,51 por cento de severidade para Arka Kiran.

2.4 AVALIAR A EFICÁCIA DE DIFERENTES FUNGICIDAS E BIO- RACIONAIS CONTRA O AGENTE PATOGÉNICO *IN VITRO*

2.4.1 Avaliar a eficácia de diferentes fungicidas contra o agente patogénico *in vitro*

Gaur e Chenulu (1982) observaram que Bavistin (carbendazim), metabissulfito de sódio e ácido salicílico a 1000 ppm foram os mais eficazes contra *Pestalotiopsis versicolor*, que causa doenças pós-colheita em batatas (*Solanum tuberosum*).

Chand *et al.* (1985) sugeriram que a doença podia ser gerida através de práticas de saneamento dos pomares e da aplicação de oxicloreto de cobre (Blitox 50 ou Fytolan) a uma concentração de 0,2 por cento, ou Dithane M-45 a 0,2 por cento. Recomendaram a administração de duas ou três pulverizações com intervalos de 10 dias.

Das e Mahanta (1985) observaram que, de entre 14 fungicidas testados, o Bavistin 50% WP inibiu totalmente o crescimento de *Pestalotia palmarum* (Cooke) Steyaert, causador do míldio cinzento do coqueiro, a concentrações de 100, 200, 300, 400 e 500 ppm, tal como o Dithane M-45 a 500 ppm. Também observaram que o Blitox-50 50% WP foi menos eficaz na inibição do crescimento micelial de *P. palmarum*.

Ramaswamy *et al.* (1988) referiram que o Difolatan (captafol) proporcionou o controlo mais eficaz de *Pestalotia psidii* em goiaba, sendo o Dithane M-45 (mancozebe) o tratamento seguinte mais eficaz.

Kudalkar *et al.* (1991) descobriram que Bavistin (carbendazim) em concentrações de 100-300 ppm inibiu completamente o crescimento e a esporulação de *Pestalotiopsis palmarum* que causa o míldio foliar do coqueiro *in vitro*. Dithane M-45 (mancozeb) também inibiu significativamente o crescimento, alcançando uma redução de 78-86 por cento. O Blitox e o Fytolan (ambos oxicloreto de cobre) inibiram a esporulação mas tiveram efeitos variáveis no crescimento das colónias.

Tsay (1991) investigou a ocorrência da podridão *de Pestalotia* em frutos de goiaba ensacados e analisou vários fungicidas para o seu controlo em Taiwan. O agente patogénico, identificado como *Pestalotiopsis psidii*, foi isolado e confirmado quanto à sua patogenicidade. Os fungicidas testados contra *P. psidii* incluíram carbendazim, benomil, clorotalonil, dithianon, flusilazole, imazalil, mancozeb e pyrifenox. Os fungicidas mais eficazes foram o carbendazim, o flusilazole e o imazalil, com valores IC50 para o crescimento micelial de 18,8, 0,9 e 3,9 |ig *a.i.*/ml, respetivamente, e para a germinação de esporos de 0,1, 0,4 e 0,8 jarros *a.i.*/ml, respetivamente.

Hopkins (1996), do Reino Unido, avaliou sete fungicidas*, a saber*, tolclofos-metil, carbendazim, clorotalonil, mancozebe, bupirimato + triforina, procloraz e iprodiona, contra dois isolados (P11 e P16) de *Pestalotiopsis sydowiana* pela técnica de alimentos envenenados. Entre estes, o crescimento micelial foi mais inibido pelo procloraz, seguido pela iprodiona, e o menos inibido pelo mancozebe.

Khalequzamman *et al.* (2003) observaram que, de seis fungicidas testados, Bavistin 50% WP (carbendazim) a 0,1 por cento e Dithane M-45 (mancozeb) a 0,2 por cento foram os mais eficazes no controlo da mancha foliar da sapota causada por *Pestalotia sapotae* (Henn.) Steyaert.

Pamrechon *et al.* (2004) investigaram a ocorrência do cancro da goiabeira em Bengala Ocidental e efectuaram um bioensaio de fungicidas contra o agente patogénico causal, *Pestalotiopsis psidii.* O agente patogénico cresceu e esporulou em meios de ágar batata dextrose e ágar batata sacarose peptona. Os estudos *in vitro* revelaram que o Cosco 75% WP (carbendazim + tirame) foi o fungicida mais eficaz na inibição do crescimento micelial de *P. psidii*, seguido do Kavach 75% WP (clorotalonil).

Younis *et al.* (2004) observaram que Score 250 EC, Dolomite 580 WP, Dithane M-45 (mancozeb) e Diesomil Platinum 72 WP resultaram numa diminuição substancial do crescimento das colónias de *Pestalotiapsydii* (Pat.) Mordue, que causa a morte da goiaba, em comparação com o controlo.

Kyada (2006), de Junagadh, constatou que, entre os fungicidas sistémicos testados, o carbendazim e o tiofanato metílico apresentaram a maior eficácia, inibindo completamente o crescimento de *Pestalotiopsis guepinii*, causador do míldio cinzento da mangueira. Entre os fungicidas não sistémicos, o mancozeb (97,04%) foi o mais eficaz, seguido do thiram (87,77%). As combinações de fungicidas, como carbendazim + mancozeb e iprodina + carbendazim, foram igualmente eficazes, demonstrando uma inibição completa do crescimento do fungo *in vitro*.

Pandey *et al.* (2006) observaram que Bavistin 50% WP (carbendazim) a uma concentração de 0,1 por cento suprimiu completamente o crescimento da colónia de *Pestalotiopsis mangiferae* (Henn.) Steyaert que causa o cancro do caule de *Pestalotiopsis* de *Jatropha curcas*. Enquanto que o Dithane M-45 75% WP (mancozeb) mostrou eficácia a uma concentração de 0,3 por cento.

Ray *et al.* (2007) testaram a eficácia *in vitro* de diferentes fungicidas contra *Pestalotiopis psidii*, causador do cancro da goiabeira em Bengala Ocidental, e referiram que os fungicidas clorotalonil, carbendazime, mancozebe e a combinação de metalaxil + mancozebe e carboxina + tirame produziram uma boa inibição contra o agente patogénico.

Bhuvaneswari *et al.* (2010) investigaram a gestão *in vitro* da doença do míldio foliar da palmeira-brava causada por *Pestalotiopsis palmarum*. Verificaram que, entre os fungicidas testados, o mancozebe e o carbendazime + mancozebe demonstraram uma inibição completa em comparação com o controlo. Além disso, o carbendazim e o oxicloreto de cobre apresentaram uma inibição de 97,7% em comparação com o controlo após 96 horas de incubação.

Patil (2012) testou treze fungicidas contra *Pestalotia anacardii*, o agente causal do míldio cinzento da mangueira, utilizando a técnica de alimentos envenenados em Navsari. Entre estes, o carbendazime (Bavistin), o tiofanato metílico (Topsin-M), o cresoxime metílico (Ergon), o carbendazime + mancozebe (SAAF), o cimoxanil + mancozebe (Curzat M8) a 250, 500 e 1000 ppm, oxicloreto de cobre (Blitox) e hidróxido de cobre (Kocide) nas concentrações de 1000, 1500 e 2000 ppm e hexaconazol (Contaf 5% EC) na concentração de 1000 ppm, inibiram completamente o crescimento do agente patogénico e demonstraram uma forte fungitoxicidade.

Rao *et al.* (2012) investigaram o manejo da doença do cancro (causada por *Pestalotiopsis psidii*) em goiaba usando fungicidas. Verificaram que o carbendazim e o benomil apresentaram a maior inibição do crescimento radial de *P. psidii*. Além disso, os frutos tratados com carbendazim a 0,1 por cento apresentaram uma redução significativa na incidência do cancro do fruto, mantendo a qualidade e a vida útil quando armazenados à temperatura ambiente durante 10 dias.

Surwade (2013) testou sete fungicidas*, a saber*, mistura de boardeux (1,0%), carbendazim 50 WP (0,1%), mancozeb 75 WP (0,25%), carbendazim 12% + mancozeb 64% (0,25%), propiconazole 25 EC (0,1%), metalaxyl + mancozeb (0,1%) e kresoxim methyl WG (0,06%) usando a técnica de alimentos envenenados em Rahuri. Entre estes, o mancozebe e a combinação de carbendazim + mancozebe (cada um com uma concentração de 0,25%) foram considerados os mais eficazes, inibindo o crescimento de *Pestalotiopsis psidii* em percentagem, seguidos de carbendazim a uma concentração de 0,1% (90,00%), propiconazol a uma concentração de 0,25% (82,66%), metalaxil + mancozebe a uma concentração de 0,25% e mistura de bordeaux a uma concentração de 1,0% (80,44%). A percentagem de inibição foi menor no kresoxim methyl.

Nakum (2017) testou nove fungicidas em três concentrações diferentes contra *Pestalotia anacardii*, o agente causal da doença da mancha cinzenta das folhas do cajueiro, utilizando a técnica de alimentos envenenados em Navsari. Entre estes, o carbendazim (Bavistin), o tiofanato metílico (Topsin-M), o cresoxime metílico (Ergon), o carbendazim + mancozebe (SAAF), o cimoxanil + mancozebe (Curzat M8) a 250, 500 e 1000 ppm, o oxicloreto de cobre (Blitox) e o hidróxido de cobre (Kocide) a 1000, 1500 e 2000 ppm mostraram a maior eficácia, inibindo completamente o agente patogénico nas três concentrações testadas. O hexaconazol (Contaf 5% EC) também mostrou uma inibição significativa com 95,24% de eficácia.

Kumar (2018) avaliou a eficácia de fungicidas incluindo Bavistin, Dithane M45 e Blitox em concentrações de 50, 100, 250, 500 e 1000 ppm contra *Pestalotia longisetula* em Solan. O estudo revelou que todos os fungicidas testados inibiram eficazmente o crescimento micelial do agente patogénico em comparação com o controlo. O Bavistin apresentou a maior média de inibição do crescimento micelial de 98,46%, seguido do Dithane M-45 (96,58%) e do Blitox (94,62%). Todos os três fungicidas alcançaram a inibição micelial completa do fungo testado nas concentrações de 250, 500 e 1000 ppm. Notavelmente, o Bavistin também mostrou uma inibição micelial significativa (92,49% e 100%) mesmo em concentrações mais baixas de 50 e 100 ppm, respetivamente.

Bhogal (2020) testou oito fungicidas*, nomeadamente* mancozebe, metalaxil 8% + mancozebe 64%, clorotalonil, oxicloreto de cobre a 500, 1000, 1500 e 2000 ppm,

piraclostrobina 5% + metirame 55%, carbendazime, propiconazol e hexaconazol a 125, 250, 375 e 500 ppm (técnica dos alimentos envenenados) em Solan, Himachal Pradesh. A inibição máxima (100%) de *Pestalotiopsis psidii* foi registada com piralostrobina 5% + metirame 55%, clortalonil, propiconazol, metalaxil 8% + mancozebe 64% e carbendazime, ao passo que a inibição mínima (76,39%) foi registada com oxicloreto de cobre.

Gowda (2020) avaliou a eficácia de quatro fungicidas não sistémicos, quatro sistémicos e quatro fungicidas combinados contra *Pestalotiopsis* spp. utilizando uma técnica de alimentos envenenados em Shivamogga. Entre os fungicidas não sistémicos, o mancozeb apresentou a maior eficácia, inibindo 90,92% do crescimento do agente patogénico, enquanto o clorotalonil apresentou a menor inibição, com 68,88%. No grupo dos fungicidas sistémicos, o propiconazol foi o mais eficaz, inibindo 96,27% do crescimento do patógeno, enquanto o tebuconazol apresentou a menor inibição, com 70,14%. Entre os produtos combinados, o isopirazam + difenoconazol demonstrou a maior inibição de crescimento, com 94,11%, seguido de perto pelo propiconazol + difenconazol, com 93,51%. Estes produtos químicos tiveram um desempenho comparativamente bom no controlo do agente patogénico em comparação com as outras duas combinações testadas.

Darapanit *et al.* (2021) compararam a eficácia de tratamentos químicos na Tailândia. Foram testados três fungicidas (azoxistrobina + tebuconazol, captan ou procloraz) na dose recomendada, tendo a azoxistrobina + tebuconazol e o procloraz revelado uma inibição de cem por cento do crescimento micelial de todos os isolados de *Neopestalotiopsis* e *Pseudopestalotiopsis*, enquanto o captan revelou menor eficácia.

Kore (2021) avaliou a eficácia de sete fungicidas (dois sistémicos, três não sistémicos e dois produtos combinados) nas concentrações recomendadas em laboratório contra *Pestalotiopsis psidii* em Dapoli. Entre eles, o fungicida de contacto não sistémico oxicloreto de cobre, o fungicida sistémico propiconazole e o fungicida combinado carbendazim + mancozeb (0,25%) foram os mais eficazes, inibindo 100% do crescimento do agente patogénico testado nas respectivas concentrações. Em seguida, o mancozebe (0,25%) apresentou 90,37% de inibição, o metalaxil + mancozebe (0,25%) apresentou 85,92% de inibição e o carbendazim (0,1%) apresentou 76,29% de inibição.

Sethi *et al.* (2022) avaliaram seis fungicidas diferentes, *a saber*, propiconazole 25% EC, mancozeb 75% WP, oxicloreto de cobre 50% WP, carbendazim 50% WP, hexaconazole 5% EC e difenconazole 25% EC na concentração necessária contra *Pestlotiopsis psidii* pela técnica de alimentos envenenados em Maharashtra. Entre estes, verificou-se que o carbendazim 50% WP (93,10%) a 0,1% e o propiconazol 25% EC (92,36%) a 0,05% foram significativamente superiores a todos os outros tratamentos. oxicloreto de cobre 50% WP (91,63%) a 0,2 por cento foi considerado igual aos dois fungicidas anteriores.

Barge (2023) avaliou vários fungicidas químicos contra *Pestalotiopsis* spp. causadores da sarna da goiabeira em Rahuri. Entre os tratamentos, a inibição significativa foi alcançada com carbendazim 12% + mancozeb 63% WP (0,25%) concentração (91,37%), seguido por azoxistrobina 20% + difenoconazol 12,5% SC a 0,1% (88,63%), carbendazim 50% WP a 0.1 por cento (80,00%), mancozebe 75% WP a 0,125 por cento (77,26%), azoxistrobina 23% SC a 0,1 por cento (75,69%), difenoconazol 25% EC a 0,1 por cento (74,12%) e propiconazol 25% EC a 0,05 por cento (69,08%). O tratamento com clorotalonil 75% WP a 0,05% mostrou a menor inibição (62,74%).

2.4.2 Avaliar a eficácia de diferentes bio-racionais contra o agente patogénico *in vitro*

Rai (1996) documentou a atividade antifúngica de extractos de 17 plantas medicinais contra *Pestalotiopsis mangiferae* (Henn.) Steyaert, o agente causal da doença da mancha foliar da manga. *Eucalyptus globulus* (L.) e *Catharanthus roseus* (L.) G. Don apresentaram a maior atividade antifúngica com 88%, seguidos de *Ocimum sanctum* com 85,50%. *Azadirachta indica*, *Ricinus comunis* (L.) e *Lawsonia inermis* (L.) também apresentaram uma atividade antifúngica significativa, com percentagens que variaram entre 74,33% e 84,66%.

Pandey *et al.* (1983) verificaram que os extractos de folhas de *Azadirachta indica* e *Ocimum sanctum* inibiam a germinação de esporos *de Pestalotia psidii in vitro*. Além disso, quando os frutos de goiaba foram mergulhados nestes extractos antes ou depois da inoculação, apresentaram efeitos inibitórios semelhantes sobre o agente patogénico.

Islam *et al.* (2004), do Bangladesh, descobriram que, entre sete extractos de plantas indígenas testados *in vitro*, o extrato de alho (*Allium sativum* L.) foi o mais eficaz na inibição do crescimento radial de *Pestalotia palmarum* (Cooke.) Steyaert, o agente causador da mancha foliar do fruto de bétel.

Ambadkar *et al.* (2005) descobriram que os extractos aquosos de folhas secas e verdes de nim influenciavam o crescimento micelial em concentrações de 10, 15 e 20 por cento. No entanto, observaram que estes extractos promoviam a esporulação de *Pestalotiopsis disseminata* (Thum.) Steyaert, o agente causal da mancha foliar no gengibre.

Patil (2012) avaliou dezassete fitoextratos contra *Pestalotia anacardii*, que causa o míldio da folha cinzenta da manga em Navsari. Entre eles, o extrato de alho apresentou a menor inibição do crescimento micelial (44,45 mm), que foi significativamente mais eficaz em comparação com outros tratamentos. Os melhores tratamentos seguintes em termos de eficácia foram o neem (51,23 mm), o nilgiri (64,45 mm) e o tulsi (67,67 mm). Estes extractos continham fitoquímicos potentes que inibiam diretamente o crescimento de *P. anacardii*.

Surwade (2013) testou sete botânicos diferentes, a saber, neem, tulsi, betelvina, gengibre, alho, cebola e calêndula a uma concentração de 5 por cento, utilizando a técnica de alimentos envenenados em Rahuri. Entre estes, verificou-se que o extrato de alho inibia o *Pestalotiopsis psidii* até 30%, seguido da folha de neem (12,88%) e da folha de tulsi (12,55%).

Nakum (2017) analisou onze fitoextratos contra *Pestalotia anacardii*, que causa a doença da praga da folha cinzenta do cajueiro, utilizando a técnica de alimentos envenenados em Navsari. Entre estes, verificou-se que os extractos de alho (49,81%), neem (42,26%), nilgiri (27,54%) e tulsi (23,77%) eram eficazes na inibição do crescimento do agente patogénico.

Tanziman *et al.* (2017) avaliaram a eficácia de vários extractos de plantas, incluindo aloé vera, arjun, neem, escova de garrafa e tulsi, em diferentes concentrações (50, 100, 250, 500 e 1000 ppm). Relataram que os extractos de neem foram mais eficazes na inibição do crescimento de *Pestalotiopsis* spp. em comparação com os extractos de tulsi, aloé vera, escova de garrafa e arjun.

Kumar (2018) avaliou a eficácia de treze produtos botânicos diferentes em três concentrações (10%, 25% e 50%) contra *Pestalotia longisetula*, causadora da mancha foliar de Pestalotia do morangueiro em Solan. O neem foi o tratamento mais eficaz, com uma inibição micelial média de 38,26 por cento, seguido de perto pelo darek, que mostrou uma inibição média de 38,10 por cento. Ambos os tratamentos foram estatisticamente semelhantes na sua eficácia. O extrato aquoso de cânhamo foi o menos eficaz, com uma inibição micelial média de 16,01%.

Bhogal (2020) testou quatro produtos botânicos, *nomeadamente Lantana camara*, *Justicia adhatoda*, *Azadiracta indica* e *Murraya koenigii* a 5, 10, 15 e 20 por cento de concentração e um produto natural, *ou seja,* leitelho azedo com 10 dias de idade a 10, 20, 30 e 40 por cento de concentração, para verificar a sua eficácia contra *Pestalotiopsis psidii*, utilizando a técnica de alimentos envenenados em Solan, Himachal Pradesh. Entre estes, *Azadiracta indica* foi considerada eficaz com uma inibição máxima (25,11%) e o leitelho azedo com dez dias de idade também foi considerado eficaz com uma inibição de 76,39%.

Chelong *et al.* (2020) testaram a eficácia antifúngica do fertilizante bio-extrato (YRU 1) *in vitro* na Tailândia. Foram preparadas sete placas de PDA com uma solução de água destilada esterilizada com 0,125, 0,25, 0,50, 0,75, 1,00 e 1,25 por cento de bio-extrato, juntamente com o controlo, e depois inoculadas com o agente patogénico. Todos os tratamentos, exceto o controlo, reduziram o crescimento de *Pestalotiopsis* sp. durante sete dias após a inoculação. A inibição do crescimento aumentou consistentemente a 0,50 por cento (T4) seguido de 0,75 por cento (T5).

Darapanit *et al.* (2021) estudaram seis extractos vegetais brutos de cravo-da-índia, gengibre, erva-cidreira, mangostão, rosela e curcuma na Tailândia quanto à sua capacidade de inibir o crescimento de *Neopestalotiopsis* e *Pseudopestalotiopsis* que causam a praga das folhas e a podridão dos frutos em oito espécies de plantas, *nomeadamente* jaca, rambutan, ameixa, abacate, morango, frutos de cobra, mangostão e maçã rosa. Os resultados mostraram que, nas concentrações mais elevadas (10.000 mg/l), os extractos brutos de cravinho e curcuma inibiram completamente o crescimento de todos os isolados após incubação durante 14 dias, seguidos dos efeitos dos extractos de gengibre, erva-limão e roseira brava, enquanto o extrato bruto de mangostão apresentou uma atividade comparativamente muito baixa contra todos os isolados. Embora os extractos de cravinho a 1000 mg/l tenham apresentado alguma inibição, os outros extractos brutos de plantas com concentrações mais baixas não apresentaram atividade antifúngica contra as espécies *Pseudopestalotiopsis* ou *Neopestalotiopsis*.

Kore (2021) avaliou sete extractos botânicos em concentrações recomendadas no laboratório quanto à sua eficácia contra *Pestalotiopsis psidii*. Os resultados mostraram que o extrato de alho foi o mais eficaz, inibindo o crescimento micelial em 63,70 por cento, significativamente mais elevado do que outros tratamentos. O extrato de cravo-da-índia seguiu-se de perto com 62,59% de inibição, enquanto os extractos de tulsi e neem apresentaram uma inibição moderada de 61,18% e 51,11%, respetivamente. Em contrapartida, os extractos de curcuma, gengibre e calêndula foram ineficazes, não apresentando uma inibição significativa do agente patogénico testado.

Tilekar (2021) testou seis produtos botânicos diferentes *in vitro* contra *Pestalotiopsis psidii* em Rahuri. Os resultados indicaram uma redução significativa do crescimento micelial com o tratamento de 5% de NSKE (extrato de caroço de semente de Neem), que inibiu o crescimento em 80%. Seguiu-se o extrato de folhas de Karanj com 74,90% de inibição. Em contrapartida, o extrato de folhas de tulsi foi considerado o menos eficaz, inibindo apenas 58% do crescimento micelial.

Yaouba *et al.* (2021) testaram três extractos de plantas, *nomeadamente* gengibre (*Zingiber officinale*), alho (*Allium sativum*) e cravinho (*Syzygium aromaticum*) nos Camarões. O efeito inibidor dos extractos foi testado pela técnica de alimentos envenenados a 20, 40 e 80 por cento de concentração. Além disso, foi utilizada uma placa de Petri contendo um fungicida padrão, mancozeb 80WP na dose recomendada, como controlo positivo para avaliar a eficácia dos extractos de plantas por comparação. Todos os extractos inibiram significativamente o crescimento do fungo testado. As taxas de inibição mais elevadas foram obtidas com os extractos aquosos e etanólicos de *A. sativum* e *S. aromaticum*. Comparando o efeito dos extractos de plantas com o do mancozeb, o ingrediente ativo do fungicida sintético penncozeb 80WP, verificou-se que os extractos de alho e o extrato de cravinho produzem um efeito inibidor semelhante ao do mancozeb no crescimento de *Pestalotiopsis microspore,* o agente causador da podridão pós-colheita do ananás.

Barge (2023) avaliou a eficácia *in vitro* de produtos botânicos contra *Pestalotiopsis* spp. o agente causal da sarna da goiabeira, em Rahuri. O estudo encontrou efeitos significativos da interação do agente patogénico com vários tratamentos botânicos. A redução mais substancial no crescimento micelial foi observada com 5% de NSKE (Neem Seed Kernel Extract), que inibiu o crescimento em 81,17 por cento. Logo a seguir, o extrato de folhas de Karanj demonstrou uma inibição do crescimento micelial de 76,85%. Em contrapartida, o extrato de folhas de Tulsi foi o menos eficaz, inibindo o crescimento micelial em 66,27%.

2.5 GESTÃO DO CANCRO DA GOIABEIRA EM CONDIÇÕES DE CAMPO

Kaushik *et al.* (1972) observaram que a lavagem dos frutos com permanganato de potássio (1%) ou ácido bórico (2%) proporcionava proteção contra *Pestalotia psidii*, agente causador do cancro da goiaba, sem causar quaisquer problemas.

Utikar *et al.* (1986) testaram fungicidas contra seis agentes patogénicos fúngicos responsáveis pela podridão em romãs *in vivo*. Verificaram que o Benlate (benomil) proporcionava o controlo mais eficaz, reduzindo o índice de doença em 47,57% e aumentando o controlo da doença em 47,24%. A seguir, o Dithane Z-78 (zineb), o Bavistin (carbendazim) e o Dithane M-45 (mancozeb) também apresentaram um controlo significativo. Além disso, o oxicloreto de cobre demonstrou uma eficácia notável contra *Pestalotiopsis versicolor*.

Tippeshi *et al.* (2010) efectuaram experiências de gestão ao nível do campo numa plantação de jatropha no taluka de Ranebennur do distrito de Haveri, Karnataka. Selecionaram os fungitoxicantes mais eficazes contra *Pestalotiopsis* spp. com base em avaliações *in vitro* para a gestão no terreno. Os tratamentos incluíram concentrações de 0,1 por cento de mancozeb, tridemorph e carbendazim, bem como *Trichoderma harzianum* e *Bacillus subtilis* a 106 cfu/ml, e 10 por cento de extrato de folhas de *Lantana camara*. Nas avaliações de campo, duas pulverizações de 0,1 por cento de mancozeb em intervalos de 30 dias suprimiram significativamente a doença, exibindo um DSI (Índice de Gravidade da Doença) muito baixo de 1,17 mesmo após 90 dias de pulverização, em comparação com um DSI de 1,85 no grupo de controlo. Seguiu-se a eficácia de *B. subtilis*.

Patil (2012) avaliou sete fungicidas contra *Pestalotia anacardii*, o agente causal do míldio cinzento da manga, em condições de campo durante 2010 e 2011 em Navsari. Os dados combinados indicaram que os tratamentos com carbendazim + mancozebe (0,2% @ 2,0 g/l) e cresoxime-metilo (0,1% @ 1,0 ml/l) atingiram a intensidade mínima da doença e a percentagem máxima de controlo da doença.

Rao *et al.* (2012) geriram a doença do cancro da goiaba em Allahabad através de frutos tratados com carbendazim a 0,1 por cento, o que resultou numa redução significativa da incidência da doença do cancro da fruta.

Surwade (2013) testou sete fungicidas*, a saber*, mistura de boardeux (1,0%), carbendazim 50 WP (0,1%), mancozeb 75 WP (0,25%), carbendazim 12% + mancozeb 64% (0,25%), propiconazole 25 EC (0,1%), metalaxyl + mancozeb (0,1%) e kresoxim methyl WG (0,06%) contra *Pestalotiopsis psidii* que causa o cancro da goiaba em Rahuri. Os resultados revelaram que as árvores de controlo (não tratadas) apresentaram um índice de doença de 94,33%. Entre os sete fungicidas tratados, o carbendazim (0,1%), o mancozebe (0,25%) e a combinação de carbendazim + mancozebe (0,25%) foram os mais eficazes, apresentando 6,6%, 9,3% e 11,3% de índice de doença do cancro, respetivamente. O índice máximo de doença após o controlo foi observado no kresoxim methyl.

Maoustafa *et al.* (2015) avaliaram fungicidas contra a mancha foliar de *Pestalotia* da goiabeira em condições de campo durante quatro anos sucessivos (2010 a 2013) no Egito e revelaram que Amistar Top (32% SC) e Folio Gold (53,75% SC) foram os mais eficazes no controlo desta doença, seguidos de Kocide 2000 (53,8% WP), Del Cup (6% SL) e Tridex

(80% WP). A pulverização de uma mistura de qualquer um dos fungicidas testados com o inseticida challenger resultou num aumento significativo da eficácia destes tratamentos na gestão da doença.

Kumar (2018) testou duas formulações botânicas de campo (BFF1 e BFF2), neemazal e três fungicidas contra *Pestalotia longisetula*, o agente causal da mancha foliar de Pestalotia do morangueiro, em condições de campo em Solan. Entre os tratamentos com fungicidas, a incidência mais baixa da doença (4,72%) e o índice de doença (1,84) foram observados em plantas tratadas com Bavistin. O Dithane M-45 mostrou a melhor eficácia seguinte, com uma incidência de doença de 5,14% e um índice de doença de 2,48%.

Chelong *et al.* (2020) testaram a eficácia antifúngica do fertilizante bio-extrato (YRU 1) *in vivo* na Tailândia. Um tratamento de bio-extrato de T1 a T7 com 0,125, 0,25, 0,50, 0,75, 1,00 e 1,25 por cento, respetivamente, foi pulverizado no tronco das seringueiras do Pará e num raio de 1,5 metros em redor das árvores. As taxas de inibição foram medidas em 2, 4, 6, 8, 10, 12 e 14 semanas. O tratamento 4 de concentração de 0,50 por cento mostrou uma inibição de 95 por cento de *Pestalotiopsis* sp.

CAPÍTULO 3

MATERIAIS E MÉTODOS

O presente trabalho de investigação, intitulado "Efeito dos parâmetros meteorológicos e gestão do cancro da goiaba causado por *Pestalotiopsis psidii* (Kwee e Chong)", foi realizado entre 2022 e 2023 no Laboratório de Investigação PG, Departamento de Patologia Vegetal, N. M. College of Agriculture, Navsari Agricultural University, Navsari. O estudo epidemiológico e os ensaios de gestão *in vivo* foram realizados num campo de um agricultor local em Hansapore durante o mesmo período. Este capítulo apresenta uma descrição pormenorizada de todos os materiais e métodos utilizados na investigação, organizada nas secções seguintes:

3.1 MATERIAL UTILIZADO

3.1.1 Vidraria, instrumentos e materiais diversos

Durante a experimentação, foram utilizados materiais de vidro comuns (marca Borosil), como placas de Petri, tubos de ensaio, frascos cónicos, balões volumétricos, provetas, varetas de vidro, béqueres, funil, pipeta, lâminas, lamelas, *etc.*, e instrumentos metálicos, como brocas de cortiça, pinças, agulhas de inoculação, balanças e bisturis. Foram utilizados materiais diversos, como etiquetas, algodão não absorvente, papel mata-borrão, sacos de papel, sacos de polietileno, lâmpada de álcool, micropipeta, tubos de centrifugação, suportes para tubos de ensaio, frascos de lavagem, elásticos, canetas e lápis de marcação em vidro, almofariz e pilão e papel de filtro Whatman n.º 1, *etc.*, durante as investigações.

3.1.2 Equipamentos de laboratório

Os equipamentos de laboratório, *nomeadamente* autoclave, estufa de ar quente, armário de fluxo de ar laminar, incubadora BOD, frigorífico, microscópio binocular de investigação, balança eletrónica, *etc.*, disponíveis no Departamento de Fitopatologia, N. M. College of Agriculture, NAU, Navsari, foram utilizados sempre que necessário.

3.1.3 Meios de cultura

O meio de cultura comum de laboratório Potato Dextrose Agar foi utilizado como meio de base para o isolamento, a purificação, a multiplicação e a manutenção da cultura pura de *P. psidii.*

3.2 PROCEDIMENTO LABORATORIAL

Os diferentes procedimentos laboratoriais utilizados no presente inquérito são descritos a seguir:

3.2.1 Limpeza e esterilização de materiais

Para todas as experiências laboratoriais, foram utilizados objectos de vidro da marca Borosil. Os objectos de vidro foram submetidos a limpeza, mergulhando-os durante 24 horas numa solução de limpeza, *isto é,* solução de ácido crómico, seguida de lavagem com detergente em pó e, finalmente, enxaguados com água destilada e secos antes de serem utilizados.

Preparação da solução de ácido crómico

Dissolver 60 gramas de dicromato de potássio (K2CΓ2O7) em 1000 mililitros de água destilada. Deixar a solução arrefecer até à temperatura ambiente. Em seguida, com agitação constante, adicionar lentamente 60 ml de ácido sulfúrico concentrado (H2SO4) à solução.

Esterilização

Os artigos de vidro cuidadosamente limpos foram esterilizados a uma temperatura de 180°C durante 2 horas numa estufa de ar quente. Os instrumentos metálicos, tais como pinças, agulhas e brocas de cortiça, anéis de arame, *etc.*, foram esterilizados por imersão em álcool e aquecidos até ficarem em brasa sobre a chama de um candeeiro de álcool durante dois minutos.

A esterilização da superfície dos frutos de goiaba infectados foi feita mergulhando-os numa solução de hipoclorito de sódio a 1,0 por cento durante 60 segundos e lavando-os em água esterilizada durante 3 vezes.

Os meios de cultura foram autoclavados a 15 lbs. p.s.i. a 121,6°C durante 20 minutos no autoclave .

3.2.2 Composição e preparação do meio PDA

Composição do PDA:

Batatas descascadas	:	200 g
Dextrose	:	20 g
Agar-Agar	:	20 g
Água destilada	:	1000 ml

Preparação de PDA

O meio PDA foi utilizado para obter culturas puras de fungos. As 200 g de batatas descascadas, sãs e limpas, foram cortadas em pequenos pedaços e fervidas em 500 ml de água destilada. O extrato foi recolhido por escoamento através de um pano de musselina e a quantidade real obtida foi medida. Dissolveram-se 20 g de ágar-ágar e 20 g de dextrose por aquecimento nos restantes 500 ml de água destilada. Ambas as soluções foram misturadas e o volume final foi completado para 1000 ml. O meio foi então distribuído em frascos cónicos e tubos de ensaio, que foram depois tapados com algodão não absorvente. O meio foi esterilizado num autoclave. Os tubos de ensaio autoclavados foram mantidos numa posição inclinada num ângulo de 45° a 60° até o meio solidificar corretamente. Foram utilizados slants de PDA para a manutenção de culturas puras.

Foram vertidos assepticamente cerca de 20 ml de meio de cultura em cada placa de Petri (90 mm de diâmetro). As placas de Petri foram rodadas e inclinadas para espalhar uniformemente o meio e deixou-se solidificar. A câmara de incubação foi utilizada para proporcionar condições assépticas.

3.2.3 Desinfeção da câmara de fluxo de ar laminar

Todas as experiências, o isolamento, a subcultura e outros estudos *in vitro* foram efectuados em condições assépticas na câmara de fluxo de ar laminar. Os materiais utilizados para os estudos foram descontaminados através de uma compressa com álcool. As lâminas, pinças, ansa de inoculação, *etc.* foram esterilizadas por aquecimento sobre a chama.

3.3 RECOLHA E ISOLAMENTO DO AGENTE PATOGÉNICO ASSOCIADO AO CANCRO DA GOIABA

Localização : Laboratório de Investigação PG, Departamento de Patologia Vegetal, NMCA, NAU,

Navsari

Ano: 2022-23

Cultura e variedade : Goiaba var. Thai

3.3.1 Recolha de amostras da doença

As amostras tipicamente infectadas com o cancro da goiabeira foram colhidas na Estação Regional de Investigação em Horticultura, Universidade Agrícola de Navsari, Navsari, bem como no campo do agricultor local, e levadas para o Laboratório de Fitopatologia, NMCA, NAU, Navsari, para investigação posterior.

3.3.2 Isolamento do organismo causal

O agente patogénico foi isolado da amostra de fruta infetada, no P. G. Laboratory, Department of Plant Pathology, NMCA, NAU, Navsari, durante 2022-23, adoptando as técnicas laboratoriais gerais com ligeiras modificações sempre que necessário.

Seguiu-se o procedimento padrão de isolamento de tecidos para isolar o agente patogénico. Pequenos pedaços de amostras sintomáticas foram cortados da parte doente juntamente com alguns tecidos saudáveis e esterilizados à superfície com uma solução de hipoclorito de sódio a 1,0 por cento durante 60 segundos. Estes pedaços foram cuidadosamente lavados em água destilada estéril para remover os vestígios de hipoclorito de sódio. Os pedaços esterilizados superficialmente foram transferidos para placas estéreis de Ágar Batata Dextrose (PDA) e incubados à temperatura ambiente (27 ± 1°C) e observados periodicamente quanto ao crescimento fúngico e esporulação. Após doze a quinze dias de incubação, o crescimento fúngico foi transferido assepticamente para placas de PDA frescas e incubadas a 27 ± 1°C para utilização posterior.

3.3.3 Purificação de fungos infectantes

O crescimento fúngico do agente patogénico causador da doença foi obtido a partir do tecido vegetal isolado no meio PDA. A purificação posterior foi efectuada através da técnica de isolamento de um único esporo e manteve-se a cultura pura.

3.4 IDENTIFICAÇÃO, SINTOMATOLOGIA E PATOGENICIDADE ASSOCIADAS AO CANCRO DA GOIABEIRA

Localização : Laboratório de Investigação PG, Departamento de Patologia Vegetal, NMCA, NAU, Navsari

Ano: 2022-23

Cultura e variedade : Goiaba var. Thai

3.4.1 Identificação primária dos fungos isolados

O isolado fúngico derivado de esporos únicos foi cultivado em PDA. A cultura foi incubada a 27 ± 1°C em luz contínua e a morfologia cultural foi examinada após 7 dias. A cor das colónias foi definida de acordo com Rayner (1970).

O isolado foi identificado inicialmente através da comparação de caraterísticas morfológicas e culturais descritas na monografia de *Monochaetia* e *Pestalotia* (Guba, 1961). **3.4.2 Sintomatologia**

Os frutos e as folhas da planta infectados com a doença do cancro típico foram levados para o laboratório. Foram efectuados exames visuais e microscópicos das amostras doentes para estudar os sintomas e o agente patogénico associado. Os sintomas observados naturalmente no campo em diferentes amostras foram observados criticamente e registados em conformidade.

3.4.3 Caracterização cultural e morfológica de *P. psidii*

A cultura fúngica isolada foi examinada com uma ampliação de 40X utilizando um microscópio digital Olympus para captar as suas caraterísticas morfológicas.

Para os estudos das caraterísticas culturais, o isolado de fungo foi cultivado em PDA em placas de Petri. A inoculação foi efectuada utilizando um disco de cultura de 5 mm retirado do bordo de uma cultura com sete dias. Foram efectuadas observações pormenorizadas sobre as caraterísticas culturais uma semana após a inoculação. As observações incluíram avaliações da cor da colónia, do padrão de crescimento, da pigmentação e da esporulação. Este exame detalhado das caraterísticas culturais forneceu informações sobre as caraterísticas morfológicas e de desenvolvimento do isolado, que são cruciais para uma identificação exacta e para a compreensão do seu comportamento de crescimento em condições laboratoriais.

3.4.4 Comprovação da patogenicidade

Para confirmar a natureza patogénica do agente patogénico isolado, foi aplicado o postulado de Koch. Antes da inoculação, os frutos foram desinfectados à superfície em solução de hipoclorito de sódio a 1,0 por cento durante 2 minutos, enxaguados em água destilada esterilizada e depois secos ao ar numa estufa de fluxo de ar laminar. Os agentes patogénicos isolados foram inoculados nos frutos de goiaba saudáveis de tamanho e maturidade quase semelhantes, removendo o epicarpo do fruto com a ajuda de uma lâmina de bisturi esterilizada e colocando o bocado de cultura (5 mm) do agente patogénico. Além disso, as partes inoculadas foram cobertas com fita adesiva e os frutos foram colocados em dessecadores para incubação à temperatura ambiente. Com base no desenvolvimento dos sintomas nos frutos inoculados, o período de incubação foi registado e os agentes patogénicos associados foram reisolados para comparação com a cultura original.

3.5 ESTUDAR OS PARÂMETROS METEOROLÓGICOS COM O PROGRESSO DA DOENÇA

Localização : No campo de um agricultor, Hansapore

Ano: 2022-23 e 2023-24

Cultura e variedade : Goiaba var. Thai

Detalhes experimentais

a) Tamanho do terreno : 20 m × 20 m
b) Espaçamento : 2,5 m × 3,5 m

O desenvolvimento e a propagação de doenças das plantas são grandemente influenciados pela presença de plantas hospedeiras vulneráveis e por condições climatéricas adequadas. Compreender a interação entre estes factores é essencial para uma gestão eficaz das doenças. Os estudos epidemiológicos são importantes porque fornecem informações valiosas sobre quando, onde e qual a gravidade de doenças específicas em determinadas áreas. Isto ajuda os agricultores a tomar melhores decisões sobre o controlo das doenças.

Para estudar o efeito de diferentes parâmetros meteorológicos no desenvolvimento da doença do cancro da goiaba, foi realizada uma experiência durante 2022-23 e 2023-24 no campo do agricultor da aldeia de Hansapore, no distrito de Navsari. Vinte plantas de goiabeira da variedade Thai foram selecionadas aleatoriamente e marcadas para observação futura no pomar. De cada planta, foram selecionados e marcados dez frutos. O desenvolvimento da doença foi monitorizado semanalmente e a gravidade da doença foi registada utilizando uma escala de 0-5 (Quadro 3.1) dada por Surwade (2013) e foi calculado o índice percentual de doença (PDI). Os dados da Semana Meteorológica Padrão (SMW) relativos à temperatura máxima, temperatura mínima, humidade relativa matinal e vespertina, velocidade do vento, horas diárias de sol, precipitação e número de dias de chuva foram recolhidos no departamento meteorológico, NMCA, NAU, Navsari.

A gravidade da doença foi calculada utilizando a fórmula seguinte.

$$\text{PDI} = \frac{\textbf{Sum of all disease rating}}{\textbf{Total no. of fruits observed} \times \textbf{Maximum disease grade}} \times 100$$

Soma de todas as classificações de doenças

N.º total de frutos observados x Grau máximo de doença

O coeficiente de correlação entre a gravidade da doença e os diferentes parâmetros meteorológicos foi determinado pela fórmula de Karl Pearson e testado individualmente para determinar a sua significância ao nível de 5% e 1% de probabilidade, utilizando a seguinte fórmula. No final da experiência, podem ser conhecidos os parâmetros meteorológicos favoráveis ao desenvolvimento da doença.

$$t = \frac{r\sqrt{n-2}}{\sqrt{1-r^2}}$$

Onde,
t= Teste de significância
r= Coeficiente de correlação e
n= Número de observações

Tabela 3.1: Escala de severidade da doença para o cancro da goiabeira

N.º Sr.	Gravidade da doença	Classificação
1	Sem sintomas	Ir
2	1-20% de área infetada no fruto	G1
3	21-40% de área infetada no fruto	G2
4	41-60% de área infetada no fruto	G3
5	61-80% de área infetada no fruto	G4
6	81-100% de área infetada no fruto	G5

3.6 AVALIAR A EFICÁCIA DE DIFERENTES FUNGICIDAS E BIO-RACIONAIS CONTRA O AGENTE PATOGÉNICO *IN VITRO*

3.6.1 Avaliar a eficácia dos fungicidas de contacto contra *Pestalotiopsis psidii in vitro*

Localização : Laboratório de Investigação PG, Departamento de Patologia Vegetal, NMCA, NAU, Navsari
Ano: 2022-23
Detalhes experimentais

(a) Conceção : CRD
(b) Tratamentos : 7
(c) Repetições : 3

A bioeficácia de dois fungicidas de contacto, juntamente com a testemunha, contra o agente patogénico do cancro da goiabeira foi estudada *in vitro* pelo método da técnica do alimento envenenado (Nene e Thapliyal, 1982). Os fungicidas de contacto foram avaliados em três concentrações diferentes mencionadas no quadro 3.2. A quantidade calculada de fungicidas foi adicionada ao meio PDA, misturada cuidadosamente e vertida cerca de 20 ml de meio em placas de Petri esterilizadas e deixada a solidificar. Após a solidificação, cada placa foi inoculada no centro com um disco de 5 mm de diâmetro obtido de uma margem de crescimento ativo da colónia do fungo testado em PDA. Foram mantidas placas de controlo, tratadas sem qualquer fungicida. Foram feitas 3 réplicas de cada tratamento. As placas de Petri foram incubadas a 27 ± 1°C numa incubadora BOD. As observações sobre o diâmetro das colónias (mm) foram registadas após 12 a 15 dias de incubação. A percentagem de inibição do crescimento micelial (PGI) do fungo testado foi calculada utilizando a seguinte fórmula dada por Vincent (1947) e os resultados foram analisados estatisticamente.

$$PGI = \frac{DC - DT}{DC} \times 100$$

Onde,

IGP = Percentagem de inibição do crescimento

DC = Diâmetro médio da colónia micelial do conjunto de controlo (mm)

DT = Diâmetro médio da colónia micelial do conjunto tratado (mm)

Quadro 3.2: Lista de fungicidas de contacto testados contra *Pestalotiopsis psidii*

Tr. No.	Nome comum	Concentrações (ppm)		
	Fungicidas de contacto	**1**	**2**	**3**
T_1 T_2 T_3	Mancozebe 75% WP	1000	1500	2000
T_4 T_5 T_6	Zineb 75% WP	1000	1500	2000
T_7	Controlo	-	-	-

3.6.2 Avaliar a eficácia dos fungicidas de produtos combinados contra *Pestalotiopsis psidii in vitro*

Localização : Laboratório de Investigação PG, Departamento de Patologia Vegetal, NMCA, NAU, Navsari

Ano: 2022-23

Detalhes experimentais

(a) Projeto : CRD

(b) Tratamentos : 13

(c) Repetições : 3

A bioeficácia de quatro fungicidas de produtos combinados, juntamente com o controlo, contra o patogénio do cancro da goiabeira foi estudada *in vitro* pelo método da técnica do alimento envenenado (Nene e Thapliyal, 1982). Os fungicidas de produtos combinados foram avaliados em três concentrações diferentes mencionadas no quadro 3.3. A quantidade calculada de fungicidas foi adicionada ao meio PDA, misturada cuidadosamente e vertida cerca de 20 ml de meio em placas de Petri esterilizadas e deixada a solidificar. Após a solidificação, cada placa foi inoculada no centro com um disco de 5 mm de diâmetro obtido de uma margem de crescimento ativo da colónia do fungo testado em PDA. Foram mantidas placas de controlo, tratadas sem qualquer fungicida. Foram feitas 3 réplicas de cada tratamento. As placas de Petri foram incubadas a 27 ± 1°C numa incubadora BOD. As observações sobre o diâmetro das colónias (mm) foram registadas após 12 a 15 dias de incubação. A percentagem de inibição do crescimento micelial (PGI) do fungo testado foi calculada utilizando a fórmula mencionada em 3.6.1.

Quadro 3.3: Lista de fungicidas de produtos combinados testados contra *P. psidii*

Tr. No.	Nome comum	Concentrações (ppm)		
	Produtos combinados	**1**	**2**	**3**
T_1 T_2 T_3	Carbendazime 12% + Mancozebe 63% WP	500	1000	1500
T_4 T_5 T_6	Hexaconazol 4% + Zineb 68% WP	500	1000	1500
T_7 T_8 T_9	Piraclostrobina 5% + Metirame 55% WG	500	1000	1500
T10 T11 T12	Azoxistrobina 11% + Tebuconazol 18,3% SC	500	1000	1500
T_{13}	Controlo	-	-	-

3.6.3 Avaliar a eficácia de diferentes bio-racionais contra *Pestalotiopsis psidii in vitro*

Localização : Laboratório de Investigação PG, Departamento de Patologia Vegetal, NMCA, NAU, Navsari

Ano: 2022-23

Detalhes experimentais

(a) Projeto : CRD

(b) Tratamentos : 13

(c) Repetições : 3

A bioeficácia de seis bio-racionais diferentes, em duas concentrações diferentes, contra o agente patogénico do cancro da goiabeira foi estudada *in vitro* pelo método da técnica do alimento envenenado (Nene e Thapliyal, 1982) mencionado no quadro 3.4. Utilizou-se PDA como meio basal. Seis bio-racionais *viz.*, urina de vaca, leite de manteiga, panchgavya, alho, neem e tulsi, incluindo o controlo, foram filtrados através de papel de filtro Whatman n° 1. Finalmente, o filtrado assim obtido foi utilizado como solução de reserva a 100 por cento. Cada bio-racional foi incorporado em PDA a 5 por cento e 10 por cento antes da esterilização. Vinte ml de PDA esterilizado e arrefecido foram vertidos em placas de Petri esterilizadas. Todas as placas foram inoculadas com um disco micelial de 5 mm de *P. psidii.* Cada tratamento foi repetido três vezes e incubado a 27 ± 1°C até as placas de controlo atingirem um crescimento radial de 90 mm. A percentagem de inibição do crescimento micelial do fungo testado foi calculada conforme descrito em 3.6.1 e os resultados foram analisados estatisticamente.

Preparação de produtos à base de plantas

Foram recolhidas partes frescas de plantas saudáveis de 100 g (folhas), como indicado abaixo, que foram lavadas com água destilada, secas ao ar e esmagadas em 100 ml de água esterilizada. O produto esmagado foi atado num pano de musselina e o filtrado foi recolhido. No caso do alho, foram utilizados dentes de alho. A solução preparada deu 100 por cento, que foi posteriormente diluída para as concentrações necessárias de 5 e 10 por cento (Ansari, 1995). A percentagem de inibição do crescimento do fungo testado foi calculada utilizando a fórmula mencionada em 3.6.1.

Quadro 3.4: Lista de bio-racionais testados contra *Pestalotiopsis psidii*

Tr. No.	Bio-racionais	Partes de plantas utilizadas para extractos	Conc.	
			1	2
T1 T2	Urina de vaca	-	5%	10%
T3 T4	Leite de manteiga	-	5%	10%
T5 T6	Panchgavya	-	5%	10%
T7 T8	Alho (*Allium sativum*)	Cravinho	5%	10%
T9 T10	Neem (*Azadirachta indica*)	Folhas	5%	10%
T11 T12	Tulsi (*Ocimum sanctum*)	Folhas	5%	10%
T7	Controlo	-	-	-

3.7 GESTÃO DO CANCRO DA GOIABEIRA EM CONDIÇÕES DE CAMPO

Localização : No campo de um agricultor, Hansapore
Ano : 2022 e 2023
Cultura e variedade : Goiaba var. Thai
Pormenores experimentais

(a) Conceção	:CRD
(b) Tratamentos	:7
(c) Repetições	:3
(d) N.º de plantas a tratar	:3 instalações/tratamento
(e) Espaçamento	:2,5 m ˣ 3,5 m
(f) Área da parcela	:15 m ˣ 7 m

Foi efectuada uma experiência de campo no campo de um agricultor local da aldeia de Hansapore, no distrito de Navsari, para os anos de 2022 e 2023.

Os fungicidas e bio-racionais considerados eficazes *in vitro, nomeadamente* mancozebe, zinebe, carbendazime + mancozebe, azoxistrobina + tebuconazol, panchgavya e leitelho, foram avaliados em condições de campo para a gestão do cancro da goiabeira (quadro 3.5). Para determinar a eficácia relativa dos fungicidas e dos bio-racionais na proteção dos frutos contra a infeção em condições de campo, foram preparadas soluções com as concentrações desejadas dissolvendo a quantidade necessária de fungicidas e bio-racionais em água estéril e pulverizadas no início da doença com um pulverizador de dorso operado manualmente em plantas de goiabeira cv. Thai com 6 anos de idade. Três plantas foram selecionadas aleatoriamente por tratamento e foram repetidas três vezes com um desenho completamente aleatório. Três pulverizações foram programadas 25 dias após a frutificação, com intervalo mensal. Essa época foi escolhida para coincidir com períodos críticos de desenvolvimento dos frutos e suscetibilidade a doenças, visando maximizar os efeitos protetores dos tratamentos.

Ao longo do estudo, a saúde e o desenvolvimento dos frutos de goiaba foram monitorizados para avaliar o impacto dos tratamentos. A gravidade da doença do cancro foi registada através da seleção aleatória de dez frutos de cada planta. Esta avaliação abrangente forneceu informações valiosas sobre a eficácia prática dos fungicidas e bio-racionais na gestão do cancro da goiabeira em condições de campo.

A percentagem de intensidade da doença do cancro foi classificada numa escala de 0-5. A percentagem de intensidade da doença nos frutos de goiaba foi calculada através da seguinte equação (Wheeler, 1969).

$$\textbf{PDI} = \frac{\text{Soma de todas as classificações de doenças}}{\text{N.º total de frutos observados x Grau máximo de doença}} \times \textbf{100}$$

Tabela 3.5: Pontuação de classificação da gravidade da doença

N.º Sr.	Gravidade da doença	Classificação
1	Sem sintomas	Ir
2	1-20% de área infetada no fruto	$^{G}1$
3	21-40% de área infetada no fruto	$^{G}2$

4	41-60% de área infetada no fruto	G3
5	61-80% de área infetada no fruto	G4
6	81-100% de área infetada no fruto	G5

Tabela 3.6: Lista de fungicidas e bio-racionais testados contra o cancro da goiabeira doença

Tr. No.	Tratamentos	Conc.(%)
T_1	Mancozebe 75% WP	0.2
T_2	Carbendazime 12% + Mancozebe 63% WP	0.1
T_3	Zineb 75% WP	0.2
T_4	Azoxistrobina 11% + Tebuconazol 18,3% SC	0.05
T_5	Panchgavya	10
T_6	Soro de leite coalhado	10
T_7	Controlo	-

Análise estatística

Os dados recolhidos nas experiências laboratoriais e de campo foram submetidos a uma análise estatística rigorosa, utilizando a técnica da análise de variância (ANOVA), tal como descrito por Panse e Sukhatme (1985). Para as experiências de laboratório, que incluíram medições do crescimento radial do patógeno em teste, foi utilizado um delineamento completamente casualizado (CRD) e os dados da experiência de campo, especificamente a intensidade percentual da doença (PDI), também foram analisados usando um CRD.

Para compreender a relação entre os parâmetros climáticos e a progressão da doença, foram efectuadas análises de correlação simples e de regressão por etapas como parte dos estudos epidemiológicos. Estas técnicas estatísticas forneceram informações sobre a forma como as várias condições climatéricas influenciaram o desenvolvimento e a propagação do cancro da goiabeira causado por *Pestalotiopsis psidii.*

As análises estatísticas foram efectuadas no Departamento de Estatística Agrícola, N. M. College of Agriculture, Navsari Agricultural University, Navsari. A diferença crítica (CD) ao nível de significância de 5 por cento foi calculada para determinar a significância estatística dos resultados. Além disso, o coeficiente de variação (CV%) foi calculado para avaliar a fiabilidade e a consistência dos dados.

Ao empregar estes métodos estatísticos avançados, o estudo teve como objetivo avaliar com precisão a eficácia dos fungicidas e bio-racionais *in vitro*, avaliar o seu desempenho na gestão do cancro da goiabeira em condições de campo e explicar o impacto dos parâmetros climáticos na progressão da doença. A análise abrangente forneceu provas sólidas para apoiar o desenvolvimento de estratégias de gestão eficazes para o cancro da goiabeira, garantindo que os agricultores possam tomar decisões informadas com base em dados cientificamente validados.

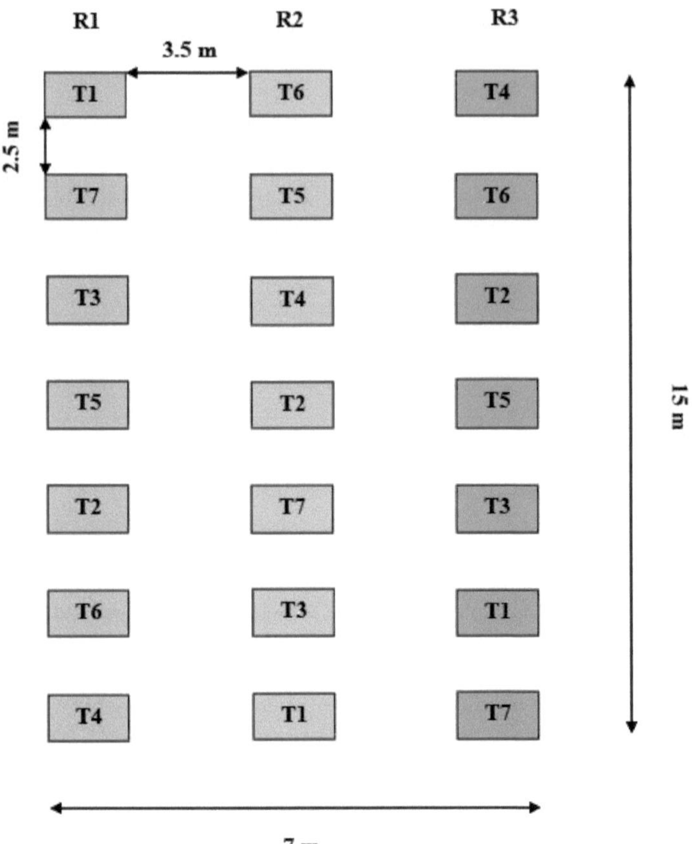

Fig. 3.1: Esquema da experiência de campo para a gestão do cancro da goiaba

CAPÍTULO 4

RESULTADOS E DISCUSSÃO

As presentes investigações foram conduzidas sobre o cancro da goiaba causado por *Pestalotiopsis psidii* (Kwee e Chong) durante o período de 2022-23 sobre os aspectos *seguintes:* recolha e isolamento do agente patogénico associado ao cancro da goiaba; identificação, sintomatologia e patogenicidade do agente patogénico associado ao cancro da goiaba; estudo dos parâmetros meteorológicos com o progresso da doença; estudo da eficácia de diferentes fungicidas e bio-racionais contra o agente patogénico *in vitro*; e gestão do cancro da goiaba em condições de campo.

As experiências foram realizadas no laboratório de investigação PG, Departamento de Patologia Vegetal, NMCA, NAU, Navsari (Gujarat) e, no caso das experiências de campo, foram realizadas no campo do agricultor. Os resultados obtidos são apresentados no presente documento.

4.1 RECOLHA E ISOLAMENTO DO AGENTE PATOGÉNICO ASSOCIADO AO CANCRO DA GOIABA

4.1.1 Recolha de amostras da doença

As amostras doentes que apresentavam sintomas típicos da doença do cancro da fruta em frutos de goiaba foram recolhidas na quinta RHRS, NAU, Navsari e no campo de cultivo do agricultor da aldeia de Hansapore, no distrito de Navsari, durante 2022-23. Todas as amostras recolhidas foram levadas para o laboratório, mantidas em sacos de papel separados, limpos e devidamente rotulados para observações críticas e preservadas para investigações posteriores.

Os frutos naturalmente infectados, que apresentavam pequenas manchas escuras, desenvolveram posteriormente crostas de cortiça circulares, castanhas escuras e elevadas, foram observados visualmente e registados. O agente patogénico isolado destas amostras constituiu a base para este estudo.

4.1.2 Isolamento do organismo causal

O isolamento foi efectuado de acordo com o procedimento descrito no capítulo "Materiais e Métodos". No prazo de 3-4 dias de incubação a 27 ± 1°C, surgiu um crescimento micelial notável à volta dos bordos dos bocados inoculados. Inicialmente, as colónias eram cinzentas-esbranquiçadas, de forma circular ou irregular, com um padrão radiado em direção à periferia. Sob exame microscópico, o crescimento fúngico revelou uma presença significativa de conídios *de P. psidii*, juntamente com numerosos acérvulos que se desenvolveram como crostas pretas, brilhantes e húmidas culturas (Foto 4.1).

O mesmo agente patogénico foi isolado por Surwade (2013), Bhogal (2020), Tilekar (2021) e Barge (2023) de frutos infectados de goiaba.

4.1.3 Purificação do agente patogénico

A cultura pura de *P. psidii* foi obtida utilizando a técnica de isolamento da ponta de hifa ou de um único esporo, tal como descrito no capítulo anterior. Esta cultura pura foi mantida no laboratório através de subculturas regulares em meios frescos para estudos posteriores (Foto 4.1).

4.2 IDENTIFICAÇÃO, SINTOMATOLOGIA E PATOGENICIDADE DO AGENTE PATOGÉNICO ASSOCIADO AO CANCRO DA GOIABEIRA

4.2.1 Identificação primária de *P. psidii*

A confirmação do agente patogénico isolado é um pré-requisito e uma parte essencial dos estudos. O isolado do agente patogénico fúngico obtido pelo método normalizado de isolamento de tecidos de frutos de goiaba infectados foi identificado com base nos caracteres morfológicos da colónia e nas caraterísticas microscópicas dos esporos do fungo, confirmando e comparando com a ajuda da literatura normalizada e de relatórios de institutos designados.

O fungo foi identificado como *P. psidii* com base na sua morfologia conidial e na produção de micélio septado branco ou branco-acinzentado após 7 dias de incubação. Os conídios eram de cinco a células, com as células apicais e basais a parecerem hialinas, enquanto as três células medianas exibiam castanho claro a castanho escuro ou vários tons de verde azeitona.

(2006) que referiram que, em placas de PDA, os isolados desenvolveram primeiro colónias zonadas acinzentadas a brancas que mais tarde desenvolveram cor e pequenos conidiomas acervulares. As cores tornavam-se mais escuras à medida que a idade do fungo aumentava. Kore (2021) também identificou o fungo como produzindo micélio branco e septado e conídios com cinco células, das quais as células apicais e basais eram hialinas e as três células medianas eram castanho-claro a castanho-escuro, com tonalidades variáveis de cor verde-azeitona

Cor amarela pálida no verso Produção de Acervuli de *Pestalotiopsis psidii*

Foto 4.1: Cultura pura de *Pestalotiopsis psidii* isolada de frutos infectados de goiaba

4.2.2 Sintomatologia

Durante o período de investigação, foram observados sintomas típicos de cancro da goiabeira nos frutos e nas folhas no pomar da quinta RHRS, NAU, Navsari, bem como no campo do agricultor. A doença começou a aparecer nas folhas e no exocarpo dos frutos jovens, começando como pequenas manchas encharcadas de água que progrediram à medida que os frutos cresciam (Foto 4.2).

Nos frutos, os sintomas iniciais eram pequenas manchas escurecidas que se tornaram necróticas com o tempo. À medida que estas manchas cresciam, transformavam-se em manchas discretas, circulares, de cor castanha escura a preta, que acabavam por se fundir, dando ao fruto um aspeto de crosta. À medida que os frutos se desenvolviam, as lesões rasgavam-se frequentemente, dando origem a crostas elevadas e cortiça.

Nas folhas, a doença aparece como pequenas manchas castanhas escuras que se expandem em círculos maiores, cinzentos ou castanhos claros, com bordos castanhos escuros. Em casos graves, as lesões podem cobrir grandes porções de uma folha e espalhar-se para caules e frutos.

Sintomas semelhantes foram descritos por Surwade (2013), Bhogal (2020) e Kore (2021) em estudos sobre o cancro da goiabeira.

4.2.3 Caracterização cultural e morfológica de *P. psidii*

A cultura fúngica isolada foi examinada com uma ampliação de 40X utilizando um microscópio digital Olympus para captar as suas caraterísticas morfológicas.

Personagens culturais

A cultura pura de *P. psidii* foi cultivada em PDA em placas de Petri. Um disco de cultura de 5 mm da periferia de uma cultura com sete dias de idade foi utilizado para inoculação. As observações sobre as caraterísticas culturais, incluindo a cor da colónia, o padrão de crescimento, a pigmentação e a esporulação, foram registadas uma semana após a inoculação. As caraterísticas culturais e morfológicas típicas são mostradas na Foto 4.3 (a), (b) e (c).

Em PDA, o fungo apresentava um crescimento micelial espesso, branco puro, inchado e ondulado, com uma cor amarela pálida no verso. Os acérvulos desenvolveram-se como uma crosta negra, brilhante e húmida (Foto 4.3 (c)). A estrutura do micélio era septada (Foto 4.3 (a)).

Morfologia dos esporos

A cultura pura de *P. psidii* produziu inicialmente conídios fusiformes ou clavados, constituídos por cinco células, com três células centrais coloridas e duas células hialinas. A parte superior

Fase inicial dos sintomas nos frutos
Coalescência de manchas que conduzem à gravidade
Sintomas na folha
Fase tardia dos sintomas nos frutos
Foto 4.2: Sintomas típicos do cancro do fruto da goiabeira em condições de campo

caraterísticas consistentes com a cultura original de *P. psidii* [Foto 4.4 (a), (b) e (c)]. A célula hialina tinha 2-4 apêndices celulares, conhecidos como setula. Abaixo da célula hialina inferior, havia um pedicelo hialino curto. Sob observação microscópica de 40X, um conídio media 19,58 pm de comprimento médio e 7,03 pm de largura média. Os apêndices basais eram hialinos, rectos ou ligeiramente curvos, com um comprimento médio de 4,9 pm [Foto 4.3 (b)].

O fungo foi identificado como *P. psidii*, uma vez que todos os caracteres culturais e morfológicos coincidiam bem com os caracteres registados por vários investigadores. Bhogal

(2020) descreveu pela primeira vez o fungo, registando a sua produção de micélio hialino e conídios fusiformes e septados. Os conídios , com 5 células, tinham três células centrais castanhas escuras e duas células apicais hialinas; uma com 3-4 apêndices longos e a outra com um único apêndice. Os conídios mediam 19,8-52,8 pm de comprimento e 3,3-16,5 pm de largura. Tilekar (2021) apoiou ainda mais estas descobertas, descrevendo o agente patogénico como produzindo micélio branco, septado, medindo 21,8-27,6 x 5,7-7,6 pm, com conídios distintos com quatro apêndices chamados cetulae. Por último, Barge (2023) confirmou que o fungo produz micélio branco, septado, medindo 21,6-27,6 x 5,5-7,5 pm, com conídios distintos com quatro apêndices.

Estas observações consistentes em diferentes estudos confirmam a identificação do fungo como *P. psidii*.

4.2.4 Comprovação da patogenicidade

O fungo foi isolado de frutos de goiaba infectados, e uma cultura pura foi obtida através do método de isolamento de um único esporo descrito em "Materiais e Métodos". Esta cultura foi então utilizada para realizar um teste de patogenicidade de acordo com os postulados de Koch, seguindo os procedimentos descritos na secção "Materiais e métodos".

Para confirmar a natureza patogénica do agente patogénico, comprovando os postulados de Koch, o agente patogénico *P. psidii* foi isolado de frutos de goiaba doentes. A cultura pura do agente patogénico fúngico foi utilizada em estudos de patogenicidade. A patogenicidade do agente patogénico testado foi realizada na variedade tailandesa de goiaba. Os frutos de goiaba verde-claro a amarelo foram artificialmente inoculados no laboratório com *P. psidii* e depois colocados num exsicador à temperatura ambiente durante 7 a 10 dias. Cerca de 8 dias após a inoculação, apareceram lesões castanhas e cortiça semelhantes a sintomas de campo em redor dos locais de inoculação. Não foram observados sintomas nos frutos de controlo. O agente patogénico testado foi reisolado dos frutos inoculados artificialmente.

(a) Microfotografia de micélio septado hialino

Micélio septado

Foto 4.3 (a, b & c): Caracteres morfológicos de *Pestalotiopsis psidii*

Conti...

(b) Microfotografia de conídios a 10X e 40X

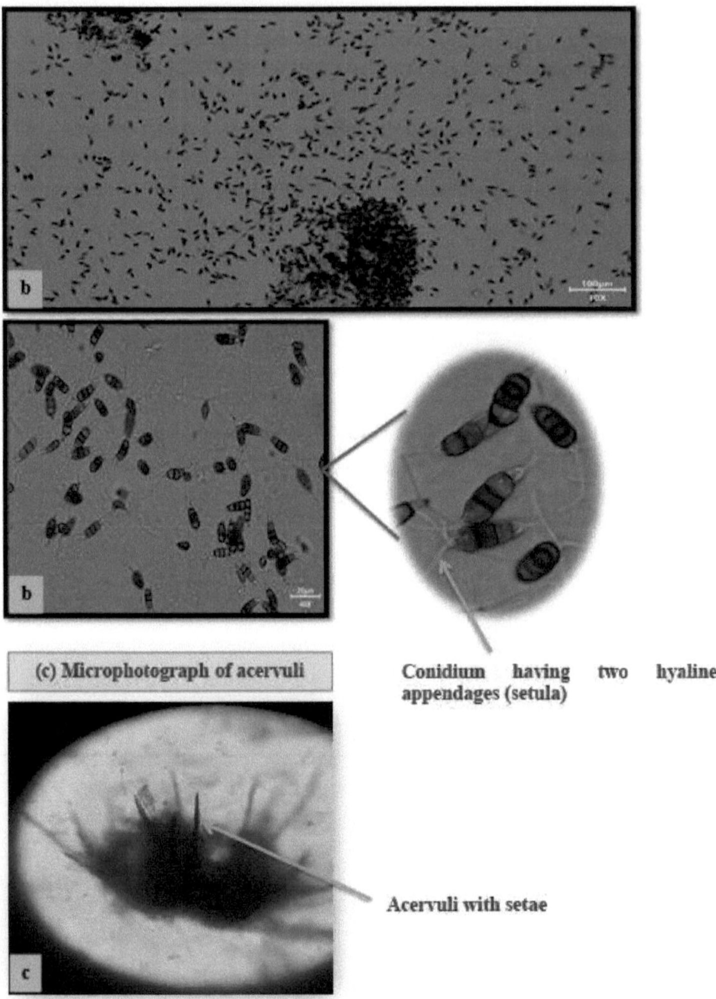

(c) Microfotografia dos acervos
Conídio com dois apêndices hialinos (setula)
Acérvulos com cerdas

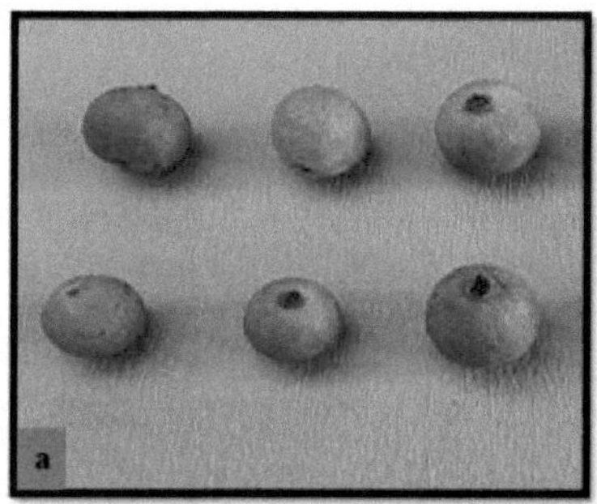

Frutos saudáveis Frutos inoculados

Sintomas observados após 8 dias de inoculação

Foto 4.4 (a, b & c): Patogenicidade e desenvolvimento de sintomas

frutos infectados, dando origem a uma cultura patogénica. Este processo de reinoculação e re-isolamento verificou que *P. psidii* era de facto responsável pelos sintomas da doença observados, satisfazendo assim os postulados de Koch. As observações do teste de patogenicidade do presente estudo estão de acordo com relatórios anteriores de Keith *et. al.* (2006), Surwade (2013) e Bhogal (2020).

4.3 ESTUDAR OS PARÂMETROS METEOROLÓGICOS COM O PROGRESSO DA DOENÇA

As doenças das plantas tendem a ser mais comuns e graves em zonas húmidas com temperaturas quentes. Durante as investigações patológicas, a população do agente patogénico foi estudada dentro da população do hospedeiro sob a influência de vários factores ambientais. As condições do ar e do solo, após o contacto entre o agente patogénico e o hospedeiro, podem ter um impacto significativo no desenvolvimento da doença. A temperatura e a humidade são os factores ambientais mais críticos que afectam o início e a progressão das doenças infecciosas das plantas. Para que uma doença ocorra e se desenvolva, deve estar presente uma combinação de três factores: uma planta suscetível, um agente patogénico infecioso e um ambiente favorável. As condições ambientais podem alterar-se subitamente e em graus variáveis, influenciando o início ou a progressão da doença.

A doença do cancro da goiabeira é provocada por *P. psidii* e causa grandes perdas de rendimento. No entanto, não há muita informação disponível sobre o efeito dos parâmetros climáticos no desenvolvimento da doença. Por conseguinte, foi efectuado um estudo para observar o impacto das condições meteorológicas no desenvolvimento do cancro da goiabeira (Foto 4.5).

4.3.1 Intensidade progressiva da doença do cancro dos frutos da goiabeira em condições naturais de campo

A influência dos factores epidemiológicos, nomeadamente a temperatura máxima, a temperatura mínima, a humidade relativa matinal e vespertina, a velocidade do vento, as horas de sol, a precipitação total e os dias de chuva na intensidade percentual da doença do cancro da goiabeira cv. Thai foi estudada a intervalos semanais em , tal como apresentado nos quadros 4.1 a 4.3 e na figura 4.1. Esta experiência foi realizada no campo de um agricultor local, Hansapore, Navsari, durante a época de colheita de 2022-23 e 2023-24.

4.3.1.1 Intensidade progressiva, em percentagem, da doença do cancro da goiabeira em 2022-23

Durante o período de 2022-23 (quadro 4.1), os primeiros sintomas de cancro na variedade de goiaba tailandesa foram observados em 22 de outubro de 2022, durante a 43.ª semana meteorológica normal (SMW), com uma intensidade inicial da doença (IDP) de 2,60 por cento.

Foto 4.5: Local experimental para o estudo epidemiológico do cancro da goiabeira em 2022-23

por cento. Entre o 43.°SMW em 2022 e o 19.° SMW em 2023, registou-se um aumento linear da PDI, atingindo um máximo de 74,80 por cento.

O PDI atingiu um pico periódico, subindo de 29,00 por cento no 5° SMW para 42,60 por cento no 6° SMW, devido a condições climatéricas favoráveis. Estas condições incluíam uma temperatura máxima de 33,6°C, uma temperatura mínima de 13,6°C, uma humidade relativa matinal de 87%, uma humidade relativa vespertina de 30%, uma velocidade do vento de 2,4 km/h, 9,4 horas de sol por dia, ausência de precipitação e ausência de dias de chuva. Consequentemente, esse período foi identificado como uma janela crítica para o aumento do IDP do cancro da goiaba causado por *P. psidii.*

4.3.1.2 Intensidade progressiva, em percentagem, da doença do cancro da goiabeira em 2023-24

Durante 2023-24 (Quadro 4.2), a ocorrência de cancro foi menor em comparação com o ano anterior. Os primeiros sintomas foram observados a 3 de dezembro de 2023, durante a 49.ª Semana Meteorológica Normal (SMW), com uma intensidade percentual inicial da doença (PDI) de 3,00 por cento na variedade tailandesa. Da 49.ª semana meteorológica padrão (SMW) de 2023 à 19.ª SMW de 2024, registou-se um aumento linear da IDP, atingindo um máximo de 61,40 por cento.

O PDI atingiu um pico periódico, aumentando de 23,90 por cento no 8° SMW para 32,10 por cento no 9° SMW devido a condições climatéricas favoráveis. Estas condições incluíam uma temperatura máxima de 34,0°C, uma temperatura mínima de 17,1°C, uma humidade relativa matinal de 86,2%, uma humidade relativa vespertina de 39,2%, uma velocidade do vento de 2,6 km/h, 8,8 horas de sol por dia, sem precipitação e sem dias de chuva. Esse período foi identificado como uma janela crítica para o aumento do IDP do cancro da goiaba causado por *P. psidii.*

4.3.1.3 Intensidade progressiva, em percentagem, da doença do cancro da goiabeira em conjunto (202223 e 2023-24)

Durante o ano de 2022-23, a intensidade percentual da doença (PDI) do cancro foi comparativamente mais elevada do que em 2023-24. Os dados para os anos agrupados são apresentados no quadro 4.3. Os primeiros sintomas do cancro foram registados durante a 43.ª Semana Meteorológica Normal (SMW) em 2023, com uma IDP inicial de 1,30 por cento no ano tailandês de 2022-23, e a intensidade percentual da doença (IDP) foi comparativamente mais elevada em 2023-24.

Tabela 4.1: Parâmetros meteorológicos e progresso da intensidade percentual da doença do cancro da goiabeira durante 2022-23

SMW	Data	Percentagem de intensidade de doença do cancro	Máximo. Temperatura (°C)	Min. Temperatura (°C)	Humidade relativa matinal (%)	Humidade relativa nocturna (%)	Velocidade do vento (km/h)	Horas de sol brilhante (hrs/dia)	Precipitação (mm/semana)	Dias de chuva
40	01-	0.00	33.50	23.60	85.00	61.00	1.60	7.40	7.00	1.00
41	08-	0.00	31.30	23.00	93.00	68.00	2.20	4.70	67.00	2.00
42	15-	0.00	34.60	22.10	95.00	79.00	3.50	8.30	0.00	0.00
43	22-	2.60	34.70	18.70	94.00	71.00	2.50	9.60	0.00	0.00
44	29-	3.10	34.60	16.80	98.00	91.00	2.00	9.50	0.00	0.00

45	05-	3.90	35.40	18.10	97.00	95.00	1.50	9.30	0.00	0.00
46	12-	6.00	33.80	18.10	96.00	84.00	2.40	8.30	0.00	0.00
47	19-	8.20	31.80	14.80	94.00	82.00	3.40	9.30	0.00	0.00
48	26-	11.20	33.30	16.90	92.00	73.00	2.10	8.30	0.00	0.00
49	03-	14.60	32.80	17.60	94.00	81.00	2.50	5.30	0.00	0.00
50	10-	15.90	33.10	20.10	91.00	88.00	2.70	6.00	0.00	0.00
51	17-	17.70	33.20	17.80	93.00	79.00	2.50	8.30	0.00	0.00
52	24-	20.10	30.00	11.70	94.00	64.00	1.80	7.90	0.00	0.00
1	01-	23.80	29.10	15.20	80.00	41.00	5.30	5.90	0.00	0.00
2	08-	25.80	29.80	12.80	83.00	35.00	2.80	7.40	0.00	0.00
3	15-	27.50	29.30	10.90	88.00	38.00	2.10	8.60	0.00	0.00
4	22-	28.60	27.50	12.70	83.00	36.00	3.80	5.30	0.00	0.00
5	29-	29.00	30.80	16.70	86.00	43.00	4.60	4.20	0.00	0.00
6	05-	42.60	33.60	13.60	87.00	30.00	2.40	9.40	0.00	0.00
7	12-	44.80	35.10	13.50	75.00	20.00	3.10	10.00	0.00	0.00
8	19-	47.00	36.10	13.70	87.00	24.00	2.20	9.40	0.00	0.00
9	26-	48.80	35.90	15.40	88.00	27.00	2.00	9.10	0.00	0.00
10	05-	50.70	36.30	18.60	66.00	32.00	3.60	5.90	0.00	0.00
11	12-Mar-	54.50	36.10	20.00	72.00	39.00	3.70	4.20	0.30	0.00
12	19-Mar-	57.90	30.90	19.00	94.00	56.00	3.70	7.30	0.00	0.00
13	26-Mar-	61.80	32.30	19.80	95.00	44.00	3.70	8.20	0.00	0.00
14	02-Abr-	63.80	34.30	22.90	89.00	41.00	3.50	8.50	0.00	0.00
15	09-Abr-	65.60	39.30	21.90	82.00	29.00	2.80	8.20	0.00	0.00
16	16-Abr-	68.90	36.40	21.00	92.00	48.00	2.80	9.20	5.00	1.00
17	23-Abr-	70.70	35.10	23.00	82.00	61.00	10.30	9.40	0.00	0.00
18	30-Abr-	73.40	34.00	23.20	86.00	48.00	3.40	9.00	0.00	0.00
19	07-maio-	74.80	36.50	25.40	84.00	54.00	3.40	10.70	0.00	0.00

Quadro 4.2: Parâmetros meteorológicos e evolução da intensidade percentual da doença do cancro da goiabeira em 2023-24

SMW	Data	Percentagem de intensidade de doença do cancro	Máximo. Temperatura (°C)	Min. Temperatura (°C)	Humidade relativa matinal (%)	Humidade relativa nocturna (%)	Velocidade do vento (km/h)	Horas de sol brilhante (hrs/dia)	Precipitação (mm/semana)	Dias de chuva
40	01-	0.00	33.80	23.90	94.00	66.00	1.00	7.80	0.00	0.00
41	08-	0.00	34.90	23.20	97.00	58.00	0.40	8.10	0.00	0.00
42	15-	0.00	35.60	22.30	92.00	43.00	0.80	8.00	0.00	0.00
43	22-	0.00	36.10	19.60	88.00	35.00	0.50	8.50	0.00	0.00
44	29-	0.00	35.30	18.10	82.00	31.00	1.00	9.30	0.00	0.00
45	05-	0.00	35.50	20.30	76.00	37.00	1.00	8.10	0.00	0.00
46	12-	0.00	34.50	18.90	75.00	38.00	1.70	8.10	0.00	0.00
47	19-	0.00	34.10	18.70	82.00	39.00	1.60	6.70	0.00	0.00
48	26-	0.00	28.30	19.20	95.00	73.00	1.90	3.90	42.00	2.00

49	03-	3.00	31.10	19.90	96.00	61.00	2.60	5.70	0.00	0.00
50	10-	3.20	31.70	16.70	86.00	40.00	1.30	7.70	0.00	0.00
51	17-	4.70	29.40	17.80	67.00	37.00	3.90	4.10	0.00	0.00
52	24-	6.20	32.20	13.60	95.00	39.00	1.00	7.70	0.00	0.00
1	01-	9.40	29.20	15.50	93.70	57.20	2.20	4.80	0.00	0.00
2	08-	11.10	31.30	17.70	94.80	47.70	2.30	4.60	0.00	0.00
3	15-	13.40	29.40	11.80	93.50	42.20	1.70	7.90	0.00	0.00
4	22-	15.00	30.70	11.60	82.00	25.20	2.50	9.10	0.00	0.00
5	29-	18.00	31.50	14.10	95.30	38.70	1.40	8.50	0.00	0.00
6	05-	20.10	33.20	14.80	87.80	35.20	1.90	8.90	0.00	0.00
7	12-	21.30	32.70	15.50	59.50	60.30	15.20	7.80	0.00	0.00
8	19-	23.90	31.60	13.90	92.40	31.70	2.40	9.80	0.00	0.00
9	26-	32.10	34.00	17.10	86.20	39.20	2.60	8.80	0.00	0.00
10	05-	36.30	32.00	12.20	84.60	24.80	2.30	10.00	0.00	0.00
И	12-Mar-	39.00	34.30	16.40	89.90	36.00	1.90	9.20	0.00	0.00
12	19-Mar-	41.10	34.70	17.10	92.20	37.10	2.30	8.50	0.00	0.00
13	26-Mar-	44.30	36.30	20.50	95.90	44.60	1.80	7.60	0.00	0.00
14	02-Abr-	48.10	37.00	19.20	91.80	25.90	2.40	9.00	0.00	0.00
15	09-Abr-	51.40	36.50	22.20	79.50	50.50	3.20	9.00	0.00	0.00
16	16-Abr-	54.20	39.00	23.40	79.00	31.20	3.00	8.40	0.00	0.00
17	23-Abr-	58.10	36.80	23.80	83.60	39.50	2.20	7.40	0.00	0.00
18	30-Abr-	59.60	38.40	22.70	84.50	38.60	3.10	9.60	0.00	0.00
19	07-maio-	61.40	35.00	25.50	88.00	54.30	5.70	9.10	0.00	0.00

Tabela 4.3: Parâmetros meteorológicos e progresso da intensidade percentual da doença do cancro da goiabeira em conjunto (2022-23 e 2023-24)

SMW	Percentagem de intensidade de doença do cancro	Máximo. Temperatura (°C)	Min. Temperatura (°C)	Humidade relativa matinal (%)	Humidade relativa da tarde (%)	Velocidade do vento (km/h)	Horas de sol brilhante (hrs/dia)	Precipitação (mm/semana)	Dias de chuva
40	0.00	33.70	23.80	89.60	63.30	1.30	7.60	3.50	0.50
41	0.00	33.10	23.10	95.00	62.80	1.30	6.40	33.50	1.00
42	0.00	35.10	22.20	93.70	61.10	2.10	8.10	0.00	0.00
43	1.30	35.40	19.20	90.80	52.80	1.50	9.10	0.00	0.00
44	1.60	35.00	17.50	90.00	60.90	1.50	9.40	0.00	0.00
45	2.00	35.50	19.20	86.70	65.80	1.20	8.70	0.00	0.00
46	3.00	34.20	18.50	85.50	60.80	2.10	8.20	0.00	0.00
47	4.10	33.00	16.80	88.10	60.50	2.50	8.00	0.00	0.00
48	5.60	30.80	18.00	93.60	72.90	2.00	6.10	21.00	1.00
49	8.80	31.90	18.80	95.00	71.00	2.50	5.50	0.00	0.00
50	9.60	32.40	18.40	88.40	64.10	2.00	6.80	0.00	0.00
51	11.20	31.30	17.80	79.90	58.00	3.20	6.20	0.00	0.00
52	13.20	31.10	12.60	94.30	51.60	1.40	7.80	0.00	0.00

1	16.60	29.20	15.40	86.90	48.90	3.70	5.30	0.00	0.00
2	18.50	30.50	15.30	88.80	41.30	2.50	6.00	0.00	0.00
3	20.50	29.40	11.40	90.80	40.30	1.90	8.30	0.00	0.00
4	21.80	29.10	12.20	82.50	30.60	3.10	7.20	0.00	0.00
5	23.50	31.20	15.40	90.50	40.80	3.00	6.30	0.00	0.00
6	31.40	33.40	14.20	87.20	32.40	2.20	9.20	0.00	0.00
7	33.10	33.90	14.50	67.30	40.10	9.10	8.90	0.00	0.00
8	35.50	33.80	13.80	89.90	28.10	2.30	9.60	0.00	0.00
9	40.50	34.90	16.20	87.00	33.00	2.30	8.90	0.00	0.00
10	43.50	34.10	15.40	75.40	28.20	2.90	7.90	0.00	0.00
И	46.80	35.20	18.20	80.70	37.60	2.80	6.70	0.15	0.00
12	49.50	32.80	18.00	93.20	46.50	3.00	7.90	0.00	0.00
13	53.10	34.30	20.20	95.40	44.40	2.70	7.90	0.00	0.00
14	56.00	35.60	21.10	90.40	33.40	2.90	8.70	0.00	0.00
15	58.50	37.90	22.00	80.80	39.70	3.00	8.60	0.00	0.00
16	61.60	37.70	22.20	85.30	39.70	2.90	8.80	2.50	0.50
17	64.40	36.00	23.40	82.70	50.00	6.30	8.40	0.00	0.00
18	66.50	36.20	22.90	85.20	43.40	3.20	9.30	0.00	0.00
19	68.10	35.80	25.50	86.00	54.30	4.60	9.90	0.00	0.00

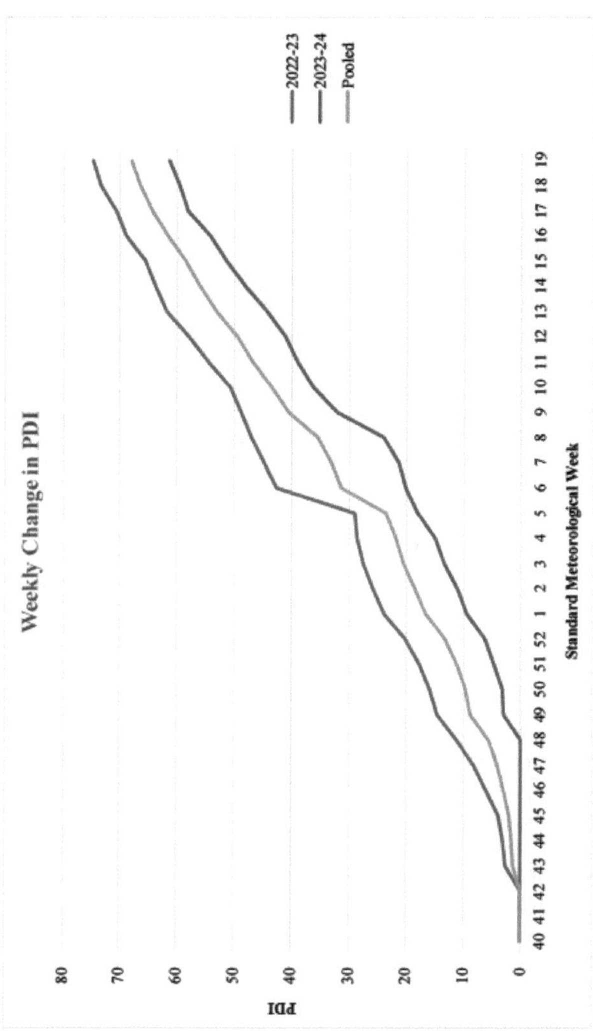

Fig. 4.1: Progresso da intensidade da doença do cancro da goiabeira observada em 2022-23, 2023-24 e agrupada durante toda a época de cultivo

variedade. Do 43.°SMW em 2023 ao 19·° SMW em 2024, registou-se um aumento linear do IDP, atingindo um máximo de 68,10 por cento.

O PDI atingiu um pico periódico, aumentando de 23,50 por cento no 5° SMW para 31,40 por cento no 6° SMW, devido a condições climatéricas favoráveis. Estas condições incluíam uma temperatura máxima de 33,4°C, uma temperatura mínima de 14,2°C, humidade relativa matinal de 87,2 por cento, humidade relativa vespertina de 32,4 por cento, velocidade do vento de 2,2 km/h, 9,2 horas de sol por dia, sem precipitação e sem dias de chuva. Esse período foi identificado como uma janela crítica para o aumento do PDI do cancro da goiaba.

4.3.2 Estudos do coeficiente de correlação entre a intensidade da doença em percentagem da goiaba

Cancro dos frutos e parâmetros climáticos

Os coeficientes de correlação entre os vários parâmetros meteorológicos e o progresso da intensidade percentual da doença do cancro da goiabeira em intervalos semanais foram calculados através da técnica de correlação simples. Os estudos epidemiológicos foram efectuados desde o início da doença. Os dados correspondentes relativos aos coeficientes de correlação entre a intensidade percentual da doença e os parâmetros meteorológicos são apresentados nos quadros 4.4 a 4.6 e na figura 4.2, o que mostra que a doença aumentou gradualmente e progrediu ainda mais.

4.3.2.1 Correlação da intensidade percentual da doença do cancro da goiabeira com os parâmetros meteorológicos durante 2022-23

Os coeficientes de correlação entre a intensidade percentual da doença e vários parâmetros meteorológicos (temperatura máxima, temperatura mínima, humidade relativa matinal e vespertina, velocidade do vento, horas de sol, precipitação total e dias de chuva) durante o ano de 2022-23 são apresentados no quadro 4.4.

A matriz de correlação mostra que a intensidade percentual da doença do cancro teve correlações positivas significativas com a temperatura máxima (0,372) e a velocidade do vento (0,424) ao nível de significância de 5%. A humidade relativa matinal (-0,461) e a humidade relativa vespertina (-0,645) apresentaram correlações negativas altamente significativas ao nível de 1%, indicando um efeito supressor no desenvolvimento da doença. Além disso, a temperatura mínima (0,273) e as horas de sol brilhante (0,203) apresentaram correlações positivas não significativas com a intensidade da doença, enquanto a precipitação (-0,243) e os dias de chuva (-0,193) apresentaram correlações negativas não significativas. Embora a precipitação e os dias de chuva possam criar condições favoráveis ao desenvolvimento da doença, aumentando os níveis de humidade, a sua correlação negativa não significativa com a intensidade da doença sugere que outros factores, como a temperatura e a humidade, podem ter um efeito mais pronunciado na progressão da doença.

4.3.2.2 Correlação da intensidade percentual da doença do cancro da goiabeira com os parâmetros meteorológicos durante 2023-24

Os coeficientes de correlação entre a intensidade percentual da doença e vários parâmetros meteorológicos (temperatura máxima, temperatura mínima, humidade relativa matinal e vespertina, velocidade do vento, horas de sol, precipitação total e dias de chuva) durante o ano de 2023-24 são apresentados no quadro 4.5.

A matriz de correlação indica que a temperatura máxima (0,530) apresenta um efeito positivo altamente significativo ao nível de 1%, o que sugere que temperaturas máximas mais elevadas estão fortemente associadas a um maior desenvolvimento da doença. As horas de sol brilhante (0,440) também apresentam uma correlação positiva significativa ao nível de 5%, indicando que mais sol contribui para uma maior intensidade da doença. Por outro lado, a temperatura mínima (0,260) e a velocidade do vento (0,262) apresentam correlações positivas não significativas com a intensidade da doença. A humidade relativa da manhã (-0,053), a humidade relativa da tarde (-0,239), a precipitação (-0,179) e os dias de chuva (-0,179) apresentam correlações negativas não significativas com a intensidade da doença. Nomeadamente, no ano 2023-24, a correlação entre as horas de sol (0,440) e a intensidade da doença continua a ser significativa ao nível de 5%. Isto pode ser potencialmente atribuído às temperaturas mínimas mais baixas observadas durante esse período em comparação com o ano anterior (2022-23), o que pode ter facilitado condições mais óptimas para o desenvolvimento da doença com o aumento das horas de sol.

4.3.2.3 Correlação da intensidade percentual da doença do cancro da goiabeira com os parâmetros meteorológicos em conjunto (2022-23 e 2023-24)

Os coeficientes de correlação entre a intensidade percentual da doença e vários parâmetros meteorológicos (temperatura máxima, temperatura mínima, humidade relativa matinal e vespertina, velocidade do vento, horas de sol, precipitação total e dias de chuva) durante os anos de 2022-23 e 2023-24 são apresentados no quadro 4.6.

A análise de correlação, apresentada no quadro para os dados agrupados, destaca associações significativas entre a intensidade da doença do cancro e vários factores meteorológicos. Nomeadamente, a temperatura máxima (0,491) e a velocidade do vento (0,485) apresentam correlações positivas altamente significativas ao nível de 1%, indicando que temperaturas e velocidades do vento mais elevadas estão fortemente ligadas ao aumento da intensidade da doença. Por outro lado, a humidade relativa nocturna

Tabela 4.4: Matriz de correlação entre a intensidade percentual da doença do cancro da goiaba e os parâmetros climáticos durante 2022-
23

Percentagem de intensidade de doença do cancro (%)	Temperatura Máximo. (°C)	Temperatura Mín. (°C)	Humidade relativa matinal (%)	Humidade relativa nocturna (%)	Velocidade do vento (km/h)	Horas de sol brilhante (hrs/dia)	Precipitação (mm/semana)	Dias de chuva
Coeficiente de correlação	0.372'	0.273	-0.461"	-0.645"	0.424'	0.203	-0.243	-0.193

Quadro 4.5: Matriz de correlação entre a intensidade percentual da doença do cancro da goiabeira e os parâmetros meteorológicos durante 2023-
24

Percentagem de intensidade de doença do cancro (%)	Temperatura Máx. (°C)	Temperatura Mín. (°C)	Humidade relativa matinal (%)	Humidade relativa nocturna (%)	Velocidade do vento (km/h)	Horas de sol brilhante (hrs/dia)	Precipitação (mm/semana)	Dias de chuva
Coeficiente de correlação	0.530"	0.260	-0.053	-0.239	0.262	0.440'	-0.179	-0.179

Tabela 4.6: Matriz de correlação entre a intensidade percentual da doença do cancro da goiabeira e os parâmetros meteorológicos em conjunto
(2022-23 e 2023-24)

Por cento intensida de da doença do cancro (%)	Temperatu ra re Máximo. (°C)	Tempera tu re Min. (°C)	Manhã g Humida de relativa (%)	Noite Humida de relativa (%)	Vento Velocida de (km/h)	Brilhan te horas de sol (hrs/dia)	Precipitaçã o (mm/seman a)	Rainyd a ys
Coeficien te de correlaçã o	0.491"	0.275	-0.325	-0.621"	0.485"	0.408'	-0.276	-0.233

* A correlação é significativa ao nível de 0,05 A correlação é significativa ao nível de 0,01

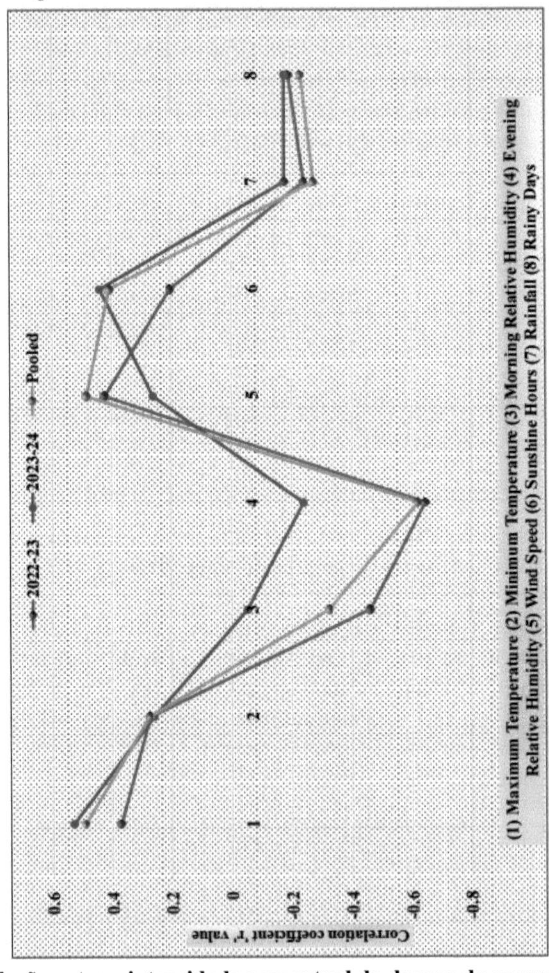

Fig. 4.2: Correlação entre a intensidade percentual da doença do cancro da goiabeira e os parâmetros meteorológicos durante 2022-23, 2023-24 e em conjunto (2022-23 e 2023-24)

mostra uma correlação negativa altamente significativa (-0,621) ao nível de 1%, sugerindo que níveis mais baixos de humidade nocturna estão associados a uma maior intensidade da doença. Além disso, as horas de sol brilhante demonstram uma correlação positiva significativa (0,408) ao nível de 5%, indicando que o aumento da exposição solar contribui positivamente para o desenvolvimento da doença. Entretanto, a temperatura mínima (0,275) apresenta uma correlação positiva, mas não é estatisticamente significativa. A humidade relativa matinal (-0,325), a precipitação (-0,276) e os dias de chuva (-0,233) apresentam correlações negativas não significativas com a intensidade da doença.

Estes resultados de correlação são mais ou menos apoiados por relatórios anteriores de Pan e Mishra (2010), que observaram que o cancro da goiabeira tinha uma correlação positiva significativa com a temperatura máxima, uma correlação negativa significativa com a temperatura máxima e mínima e uma correlação negativa não significativa com a humidade relativa mínima, a precipitação e os dias de chuva. Bhogal (2020) observou que a incidência média da doença tinha uma correlação significativa e negativa com a temperatura média mensal máxima e mínima. Por outro lado, correlacionou-se de forma negativa e não significativa com a humidade relativa média mensal. O mesmo estudo de correlação foi também observado por Sirisha *et al.* (2023). Verificaram que, independentemente das variedades, a interação entre a temperatura máxima, a temperatura mínima, a humidade relativa máxima, a humidade relativa mínima, os dias de chuva e a precipitação apresentaram uma correlação positiva significativa com a sarna da goiabeira.

4.3.3 Equação de regressão stepwise entre a intensidade percentual da doença do cancro dos frutos da goiabeira e os parâmetros meteorológicos

Os coeficientes de regressão foram determinados utilizando a análise de regressão por etapas para nove variáveis independentes. Esta análise visava identificar os parâmetros climáticos críticos e mais importantes que afectam a variável dependente, que é a percentagem de intensidade da doença do cancro. Os resultados são apresentados nos quadros 4.7 a 4.9.

4.3.3.1 Regressão passo a passo da intensidade percentual da doença do cancro da goiabeira
com parâmetros climáticos durante 2022-23

Foi efectuada uma análise de regressão linear passo a passo para determinar a relação entre a percentagem de intensidade da doença do cancro e as variáveis preditoras. A variável dependente nesta análise é a percentagem de intensidade da doença do cancro. As equações de regressão, juntamente com os valores correspondentes de R múltiplo e R^2, estão resumidas no quadro seguinte:

Quadro 4.7: Regressão passo a passo da intensidade percentual da doença do cancro da goiabeira e dos parâmetros meteorológicos durante 2022-23

Variável dependente	Equação de regressão linear passo a passo $Y= a+biXi+ b_2X_2+.... b_nX_n$	Múltiplo R	R^2
Percentagem de intensidade de doença do cancro (%)	$Y= 74,014 + (-0,741)\ x_1$	0.645	0.416
	$Y= 27,518 + (-0,867)\ X_1+ 2,956\ X_2$	0.782	0.611
	$Y= 16,011 + (-0,867)\ x_1+ 3,733\ X_2+ (20.138)\ x_3$	0.842	0.708

Onde,

Y= Intensidade prevista da doença,

x_1= Humidade relativa vespertina,
x_2= Temperatura mínima e
x_3= Dias de chuva

O modelo inicial incluía apenas uma variável preditora (x_1), com um R múltiplo de 0,645 e um $R2$ de 0,416. Isto indica que X1, por si só, explica 41,6 por cento da variância na intensidade percentual da doença do cancro.

O segundo modelo incluiu duas variáveis preditoras (X1 e X_2), com um R múltiplo de 0,782 e um R^2 de 0,611. A adição de X_2 melhorou o modelo, explicando 61,1 por cento da variância na intensidade percentual do cancro.

O modelo final incluiu três variáveis preditoras (x_1, X_2 e X_3), com um R múltiplo de 0,842 e um R^2 de 0,708. A inclusão de X_3 melhorou ainda mais o modelo, explicando 70,8% da variância na intensidade percentual do cancro.

De um modo geral, a análise de regressão linear passo a passo demonstra que, à medida que mais variáveis preditoras são incluídas no modelo, a capacidade de explicar a variância na intensidade percentual da doença do cancro melhora. O modelo final, que inclui x_1, X_2 e X_3, apresenta o melhor ajuste com o valor R^2 mais elevado de 0,708.

4.3.3.2 Regressão passo a passo da intensidade percentual da doença do cancro da goiabeira
com parâmetros climáticos durante 2023-24

A equação de regressão, juntamente com os valores correspondentes de R múltiplo e R^2, está resumida na tabela abaixo:

Quadro 4.8: Regressão passo a passo da intensidade percentual da doença do cancro da goiabeira e dos parâmetros meteorológicos durante 2023-24

Variável dependente	Equação de regressão linear passo a passo $Y= a+b_1X_1+ b_2X_2+.... b_nX_n$	Múltiplo R	R^2
Percentagem de intensidade de doença do cancro (%)	Y= -118,722 + 4,158 x_1	0.530	0.281

Onde,
x_1= Temperatura máxima

O modelo incluía apenas uma variável de previsão (x_1), com um R múltiplo de 0,530 e um $R2$ de 0,281. Isto indica que X_1, por si só, explica 28,1 por cento da variação da intensidade percentual da doença do cancro para o ano de 2023-24.

Em geral, a análise de regressão linear passo a passo para o ano de 2023-24 mostra que a variável preditora X1 tem uma relação significativa com a percentagem de intensidade do cancro. No entanto, em comparação com o modelo de 2022-23, o modelo de 2023-24 explica uma proporção menor da variância na intensidade percentual do cancro, sugerindo que outros factores não incluídos no modelo de 2023-24 podem também influenciar a intensidade da doença.

4.3.3.3 Regressão passo a passo da intensidade percentual da doença do cancro da goiabeira
com parâmetros climáticos em agregados (2022-23 e 2023-24)

A análise de regressão linear passo a passo foi realizada para os dados agrupados de 2022-23 e 2023-24. As equações de regressão, juntamente com os valores correspondentes de R múltiplo e R^2, estão resumidas na tabela abaixo:

Quadro 4.9: Regressão passo a passo da intensidade percentual da doença do cancro da goiabeira e
parâmetros climáticos no agrupamento (2022-23 e 2023-24)

Variável dependente	**Equação de regressão linear passo a passo** $Y = a + b_1X_1 + b_2X_2 + ... b_nX_n$	**Múltiplo R**	R^2
Percentagem de intensidade de doença do cancro (%)	$Y = 81,236 + (-1,110)\ x_1$	0.621	0.386
	$Y = 31,683 + (-1,530)\ x_1 + 3,842\ X_2$	0.836	0.699
	$Y = 18,141 + (-1,377)\ x_1 + 3,578\ X_2 + 3,911\ x_3$	0.871	0.759

Onde,

x_1= Humidade relativa vespertina,

X_2= Temperatura mínima e

x_3= Velocidade do vento

O modelo inicial incluía apenas uma variável de previsão (x_1), com um R múltiplo de 0,621 e um R^2 de 0,386. Isto indica que X_1, por si só, explica 38,6 por cento da variância na intensidade percentual da doença do cancro para os dados agrupados.

O segundo modelo incluiu duas variáveis de previsão (X1 e X_2), com um R múltiplo de 0,836 e um R^2 de 0,699. A adição de X_2 melhorou significativamente o modelo, explicando 69,9% da variância na intensidade percentual da doença do cancro.

O modelo final incluiu três variáveis preditoras (x_1, X_2 e X_3), com um R múltiplo de 0,871 e um R^2 de 0,759. A inclusão de X_3 melhorou ainda mais o modelo, explicando 75,9% da variância na intensidade percentual do cancro.

Em geral, a análise de regressão linear por etapas para os dados agrupados demonstra que, à medida que mais variáveis preditoras são incluídas no modelo, a capacidade de explicar a variação na intensidade percentual da doença do cancro melhora. O modelo final, que inclui x_1, X_2 e X_3, apresenta o melhor ajuste com o valor R^2 mais elevado de 0,759.

Estes resultados sugerem que as condições prevalecentes entre o $^{40°}$ e o $^{19°}$ SMW, quando a cultura da goiaba se encontrava na fase de frutificação e maturação, afectaram significativamente a intensidade da doença, causando perdas graves. Este período pode, por conseguinte, ser considerado um obstáculo crítico à produção económica de goiaba no Sul de Gujarat. Embora os resultados sejam muito úteis, indicam a necessidade de um estudo mais aprofundado. Esse estudo forneceria um conjunto de dados mais completo para o desenvolvimento de um modelo robusto de previsão com base nas condições meteorológicas, contribuindo, em última análise, para uma melhor gestão e atenuação dos impactos da doença na produção de goiaba.

No entanto, não existem relatórios disponíveis na literatura sobre a análise de regressão passo a passo dos parâmetros meteorológicos com o desenvolvimento da doença. Assim, estes resultados não podem ser comparados com quaisquer dados publicados.

4.4 ESTUDAR A EFICÁCIA DE DIFERENTES FUNGICIDAS E BIO-RACIONAIS CONTRA O AGENTE PATOGÉNICO *IN VITRO*

4.4.1 Estudar a eficácia dos fungicidas de contacto contra *P. psidii in vitro*

A eficácia de dois fungicidas de contacto, nomeadamente mancozeb 75% WP e zineb 78%

WP a concentrações de 1000, 1500 e 2000 ppm, foi avaliada contra *P. psidii* em condições laboratoriais, utilizando a técnica de alimentos envenenados descrita na secção "Materiais e métodos". O crescimento do agente patogénico foi registado em termos de diâmetro da colónia e foi calculada a percentagem de inibição do crescimento para cada fungicida. Os dados revelaram que todos os fungicidas, em todas as concentrações, reduziram o crescimento micelial de *P. psidii* em comparação com o controlo. Os dados do diâmetro médio das colónias e da percentagem de inibição do crescimento são apresentados no Quadro 4.10, na Foto 4.6 e na Fig. 4.3.

Entre os dois fungicidas de contacto testados, o mancozeb 75% WP demonstrou uma eficácia superior na inibição do agente patogénico, alcançando 81,11, 82,59 e 97,41% de taxas de inibição com 17 mm, 15,67 mm e 2,33 mm de diâmetro médio das colónias nas concentrações de 1000, 1500 e 2000 ppm, respetivamente. Em contraste, o zineb 78% WP apresentou valores de inibição mais baixos de 50,74, 60,74 e 61,48% com 44,33 mm, 35,33 mm e 34,67 mm de diâmetro médio das colónias, respetivamente, nas mesmas concentrações que o mancozeb.

4.4.2 Estudar a eficácia dos fungicidas de produtos combinados contra *P. psidii in vitro*

A eficácia de quatro fungicidas combinados, *a saber*, carbendazim 12% + mancozebe 63% WP, hexaconazol 4% + zinebe 68% WP, piraclostrobina 5% + Metiram 55% WG e azoxistrobina 11% + tebuconazol 18,3% SC a concentrações de 500, 1000 e 1500 ppm foi avaliada contra *P. psidii* em condições laboratoriais, utilizando a técnica de alimentos envenenados descrita na secção "Materiais e métodos". O crescimento do agente patogénico foi registado em termos de diâmetro da colónia e foi calculada a percentagem de inibição do crescimento para cada fungicida. Os dados revelaram que todos os fungicidas, em todas as concentrações, reduziram o crescimento micelial de *P. psidii* em comparação com o controlo. Os dados do diâmetro médio das colónias e da percentagem de inibição do crescimento são apresentados no Quadro 4.11, na Foto 4.7 e na Fig. 4.4.

Entre as quatro combinações de fungicidas avaliadas, tanto o carbendazim 12% + mancozebe 63% WP como a azoxistrobina 11% + tebuconazol 18,3% SC demonstraram uma inibição completa do agente patogénico, sem crescimento micelial observado em nenhuma das concentrações testadas (500, 1000 e 1500 ppm). Isto indica a sua eficácia superior em comparação com os outros fungicidas testados. Na concentração mais elevada testada (1500 ppm), a piraclostrobina 5% + metiram 55% WG apresentou a taxa de inibição mais elevada de 91,48%, com um crescimento micelial médio de 7,67 mm, ultrapassando o hexaconazol 4% + zineb 68% WP, que apresentou uma taxa de inibição de 81,11% com um diâmetro médio de colónia de 17,00 mm. O hexaconazol 4% + zineb 68% WP foi o seguinte mais eficaz, alcançando taxas de inibição de 67,04% e 80,74%, com diâmetros médios de colónia de 29,67 mm e 17,33 mm a 500 e 1000 ppm, respetivamente. A piraclostrobina 5% + metiram 55% WG seguiu-se de perto, com taxas de inibição de 65,19% e 72,22%, e diâmetros médios de colónia de 31,33 mm e 25,00 mm nas mesmas concentrações. Nomeadamente, na concentração de 500 ppm, o hexaconazol 4% + zineb 68% WP e a piraclostrobina 5% + metiram 55% WG foram estatisticamente iguais entre si.

O carbendazime + mancozebe e a azoxistrobina + tebuconazol demonstram uma eficácia superior devido aos seus modos de ação duplos que visam diferentes fases do desenvolvimento dos fungos. O carbendazime inibe a montagem dos microtúbulos, crucial para a divisão celular dos fungos, enquanto o mancozebe perturba as membranas celulares dos fungos e as funções enzimáticas. A azoxistrobina inibe a respiração mitocondrial, afectando a produção de energia nos fungos, enquanto o tebuconazol interfere com a biossíntese do ergosterol, essencial para a integridade das membranas dos fungos. Esta dupla ação assegura uma supressão abrangente do crescimento e da reprodução dos fungos, conduzindo a uma inibição completa do agente patogénico em todas as concentrações testadas.

Os resultados actuais validam resultados de investigações anteriores. Surwade (2013) registou uma inibição completa de *P. psidii* com carbendazim + mancozeb e mancozeb sozinho entre os fungicidas testados. Do mesmo modo, Bhogal (2020) observou uma inibição completa especificamente com mancozebe sozinho. No entanto, o nosso estudo contradiz estes resultados, mostrando taxas de inibição mais baixas com mancozeb em todas as concentrações testadas. Kore (2021) também verificou que o carbendazim + mancozebe era altamente eficaz, seguido do mancozebe sozinho. Em contrapartida, Sethi *et al.* (2022) registaram uma menor eficácia do mancozebe em comparação com outros fungicidas testados. Estas ligeiras variações na eficácia fungicida contra *P. psidii* podem resultar de diferenças nas localizações geográficas do agente patogénico e das suas interações com vários tratamentos químicos.

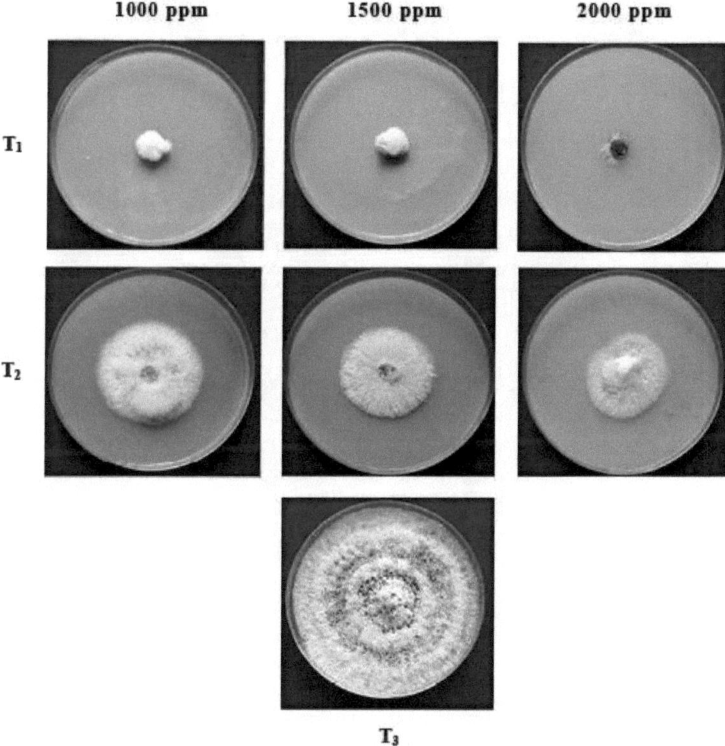

T_1= **Mancozeb 75% WP,** T_2= **Zineb 75% WP,** T_3= **Controlo**

Foto 4.6: Eficácia dos fungicidas de contacto na percentagem de inibição do crescimento de *P. psidii*

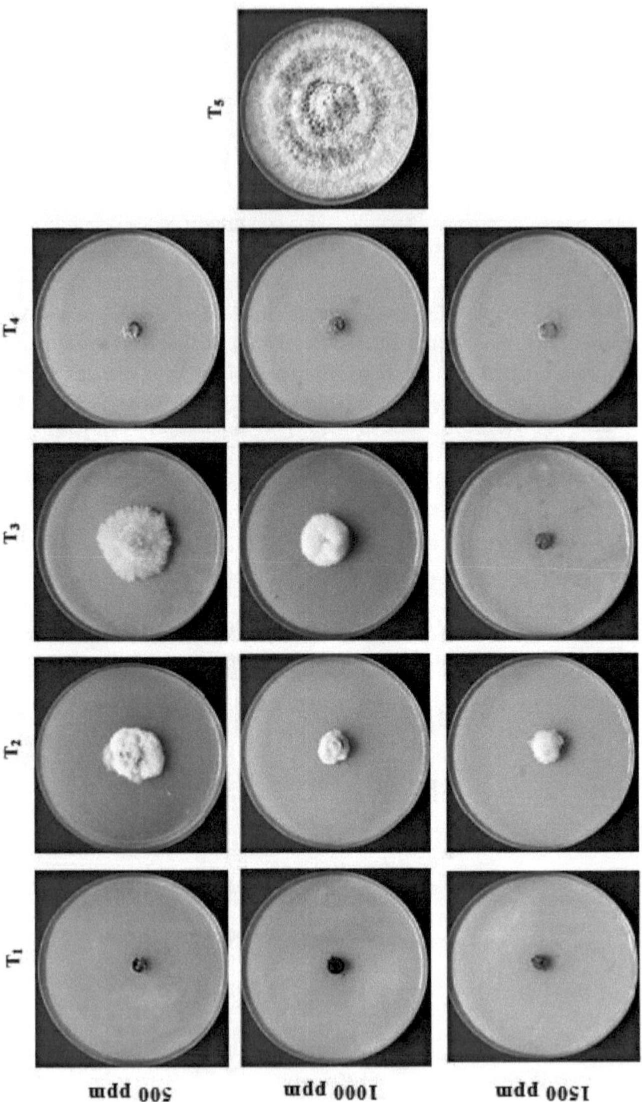
T_5
T_4
T_3
T_2
T_1
500 ppm
1000 ppm
1500 ppm

T_1= Carbendazime 12% + Mancozebe 63% WP, T_2= Hexaconazol 4% + Zinebe 68% WP, T_3= Piraclostrobina 5% + Metiram 55% WG, T_4= Azoxistrobina 11% + Tebuconazol 18,3% SC, T_5= Controlo

Foto 4.7: Eficácia dos fungicidas de produtos combinados na percentagem de inibição do crescimento de *P. psidii*

Quadro 4.10: Eficácia dos fungicidas de contacto na percentagem de inibição do crescimento de *P. psidii in vitro*

Tr. No.	**Fungicidas**	**IGP%** **Concentração (ppm)**			**Diâmetro médio das colónias (mm)**		
		1000	**1500**	**2000**	**1000**	**1500**	**2000**
T_1 T_2 T_3	Mancozebe 75% WP	81.11 (64.24)*	82.59 (65.34)	97.41 (82.44)	17.00	15.67	2.33
T_4 T_5 T_6	Zineb 75% WP	50.74 (45.92)	60.74 (51.20)	61.48 (51.64)	44.33	35.33	34.67
T_7	Controlo	0.00 (0.00)	0.00 (0.00)	0.00 (0.00)	90.00	90.00	90.00
	S.Em±	1.45			-	-	-
	CD a 5%	4.40			-	-	-
	CV%	4.88			-	-	-

Nota: Os dados entre parênteses são valores transformados em arco-seno e os dados fora dos parênteses são valores originais

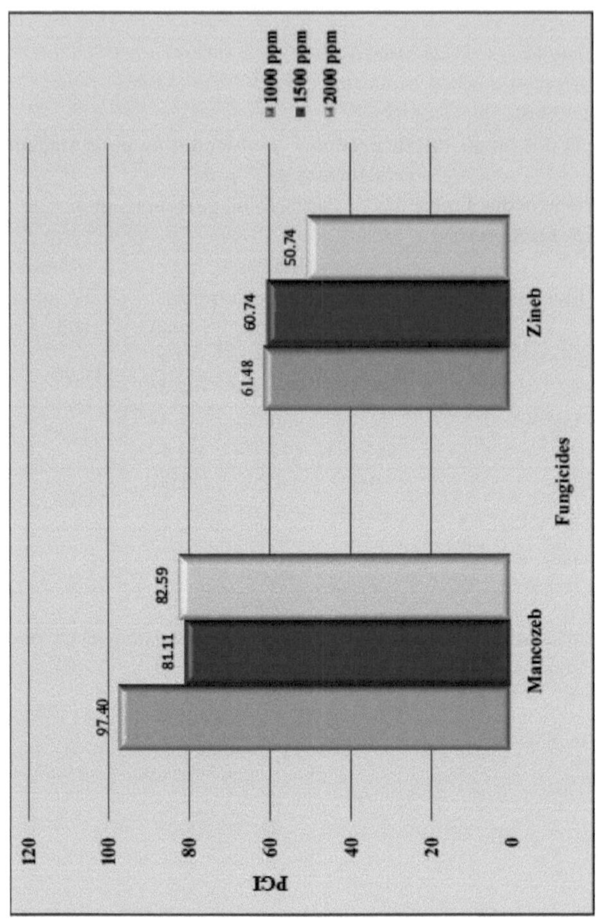

Fig. 4.3: Eficácia dos fungicidas de contacto na percentagem de inibição do crescimento de *P. psidii*

Quadro 4.11: Eficácia dos fungicidas de produtos combinados na percentagem de inibição do crescimento de *P. psidii in vitro*

Tr. No.	Fungicidas	IGP (%) Concentração (PPm)			Diâmetro médio das colónias (mm)		
		500	**1000**	**1500**	**500**	**1000**	**1500**
Ti T_2 T_3	Carbendazime 12% + Mancozebe 63% WP	100.00 (90.00)*	100.00 (90.00)	100.00 (90.00)	0.00	0.00	0.00
T_4 T_5 T_6	Hexaconazol 4% + Zineb 68% WP	67.04 (54.96[a])	80.74 (63.98)	81.11 (64.25)	29.67	17.33	17.00
T_7 T_8 T_9	Piraclostrobina 5% + Metirame 55% WG	65.19 (53.84[a])	72.22 (58.20)	91.48 (76.04)	31.33	25.00	7.67
Tio Tn T12	Azoxistrobina 11% + Tebuconazol 18,3% SC	100.00 (90.00)	100.00 (90.00)	100.00 (90.00)	0.00	0.00	0.00
T13	Controlo	0.00 (0.00)	0.00 (0.00)	0.00 (0.00)	90.00	90.00	90.00
	S.Em±	1.96			-	-	-
	CD a 5%	5.70			-	-	-
	CV%	4.84			-	-	-

Nota: Os dados entre parênteses são valores transformados em arco-seno e os dados fora dos parênteses são valores originais

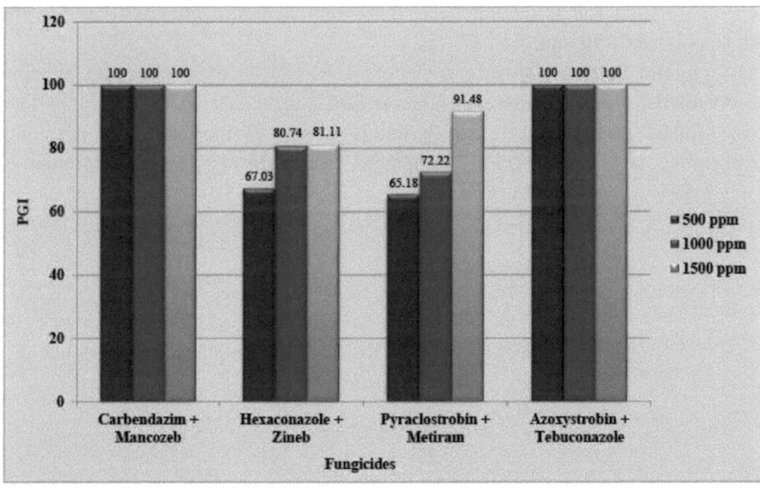

Fig. 4.4: Eficácia dos fungicidas de produtos combinados na percentagem de inibição do crescimento de *P. psidii*

4.4.3 Estudar a eficácia de diferentes bio-racionais contra o agente patogénico *in vitro*

Foi realizada uma experiência para avaliar a atividade antifúngica de seis bio-racionais, conforme descrito na secção "Materiais e Métodos". O efeito dos bio-racionais no crescimento micelial e a percentagem de inibição do crescimento micelial de *P. psidii* a 5 e 10 por cento de concentrações diferiram significativamente.

Os resultados são enumerados no Quadro 4.12, representados nas Fotografias 4.8 e 4.9 e mostrados na Fig. 4.5. Regista-se que os bio-racionais reduziram o crescimento micelial do agente patogénico testado em comparação com o tratamento de controlo. Entre os seis bio-racionais testados, o panchgavya mostrou a percentagem mais elevada de inibição do crescimento micelial com diâmetro de colónia zero, tornando-o significativamente superior a todos os outros tratamentos. O leitelho foi o seguinte mais eficaz. O extrato de folhas de Neem e o extrato de folhas de Tulsi apresentaram a menor inibição e os maiores diâmetros de colónia.

A uma concentração de 5 por cento, o panchgavya alcançou a inibição de um por cento do crescimento micelial com um diâmetro de colónia de 0 mm, seguido pelo leitelho, que mostrou uma inibição de 17,78 por cento com um diâmetro de colónia de 74,00 mm. Os tratamentos eficazes seguintes foram a urina de vaca e o alho, com taxas de inibição de 13,70 por cento (77,67 mm) e 12,22 por cento (79,00 mm) do crescimento micelial, respetivamente. No entanto, os extractos de neem e tulsi foram considerados ineficazes, uma vez que não mostraram uma inibição eficaz (0,00%) do patogénio testado com um diâmetro de colónia de 90 mm cada. É digno de nota que a urina de vaca e o alho são estatisticamente iguais entre si a uma concentração de 5 por cento.

Do mesmo modo, a uma concentração de 10%, o panchgavya alcançou a maior inibição do crescimento micelial (100%) com um diâmetro de colónia de 0 mm, seguido pelo leitelho com 45,93% de inibição e um diâmetro de colónia de 48,67 mm. A urina de vaca e o alho foram considerados tratamentos moderadamente eficazes, inibindo 23,70 por cento (68,67 mm) e 14,44 por cento (77,00 mm) do crescimento micelial, respetivamente. O extrato de folhas de neem e o extrato de folhas de tulsi não registaram qualquer inibição (0,00%) com um diâmetro de colónia de 90 mm.

A eficácia superior do panchgavya e do leitelho na inibição do crescimento micelial e na redução do diâmetro das colónias, em comparação com o extrato de folhas de neem e o extrato de folhas de tulsi, pode ser atribuída à sua composição rica em compostos antimicrobianos, tais como ácidos orgânicos, enzimas e péptidos antimicrobianos. Panchgavya, derivado de produtos de vaca, e

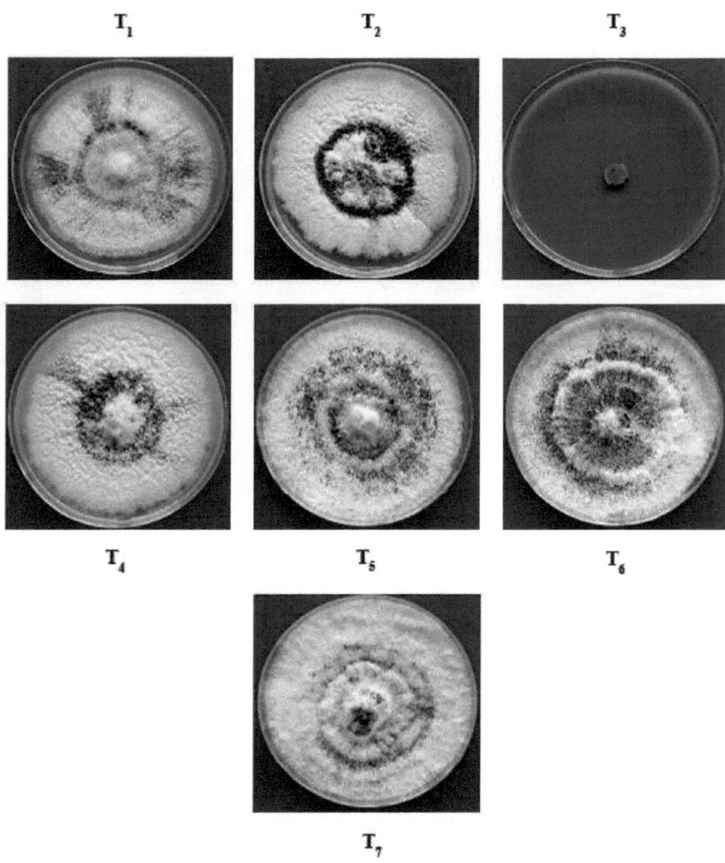

T= Urina de vaca, T= Leitelho, T_3= Panchgavya, T_4= Alho, T_5= Neem, T= Tulsi, T_7= Controlo

Foto 4.8: Eficácia dos bio-racionais na inibição do crescimento de *P. psidii* a 5 por cento

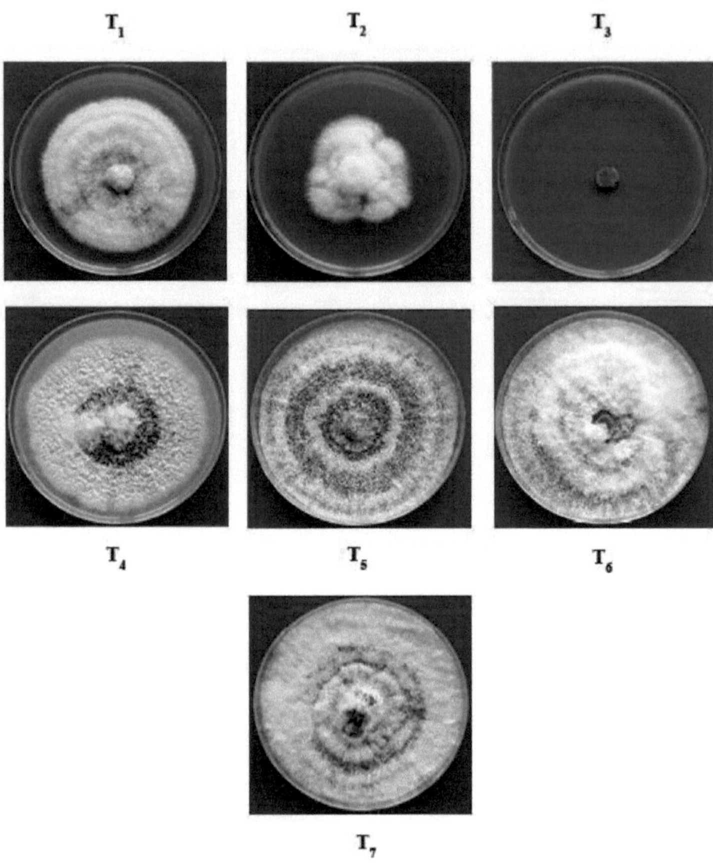

T= Urina de vaca, T= Leitelho, T= Panchgavya, T= Alho, T= Neem, T= Tulsi, T_7= Controlo

Foto 4.9: Eficácia dos bio-racionais na inibição do crescimento de *P. psidii* a 10 por cento

Quadro 4.12: Eficácia dos bio-racionais na percentagem de inibição do crescimento de *P. psidii in vitro*

Tr. Não.	Bio-racionais	Partes de plantas utilizadas para extractos	IGP (%) Concentração (%)		Diâmetro médio das colónias (mm)	
			5	10	5%	10%
T1 T2	Urina de vaca	-	13.70 (21.69a)*	23.70 (29.14)	77.67	68.67
T3 T4	Soro de leite coalhado	-	17.78 (24.94)	45.93 (42.68)	74.00	48.67
T5 T6	Panchgavya	-	100.00 (90.05)	100.00 (90.05)	0.00	0.00
T7 T8	Alho (*Allium sativum*)	Cravinho	12.22 (20.46a)	14.44 (22.31)	79.00	77.00
T9 T10	Neem (*Azadirachta indica*)	Folhas	0.00 (0.00)	0.00 (0.00)	90.00	90.00
T11 T12	Tulsi (*Ocimum sanctum*)	Folhas	0.00 (0.00)	0.00 (0.00)	90.00	90.00
T13	Controlo	-	0.00 (0.00)	0.00 (0.00)	90.00	90.00
		S.Em±	0.51	0.65	-	-
		CD a 5%	1.55	1.95	-	-
		CV%	3.95	4.27	-	-

Nota: Os dados entre parênteses são valores transformados em arco-seno e os dados fora dos parênteses são valores originais

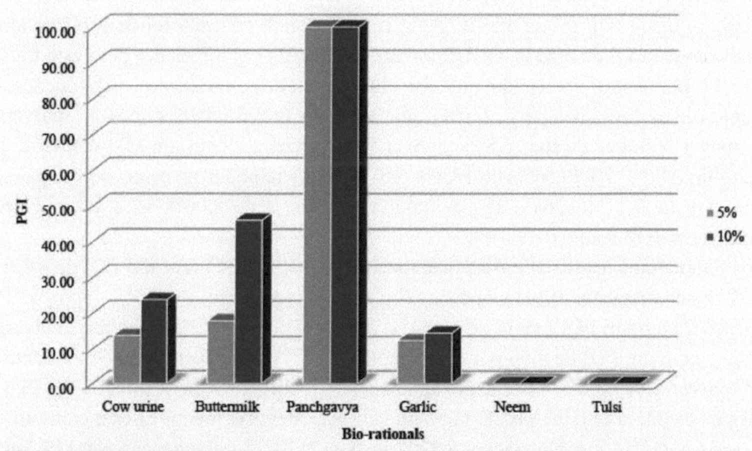

Fig. 4.5: Eficácia dos bio-racionais na inibição percentual do crescimento de *P. psidii*

o leitelho, com a sua natureza ácida devido ao ácido lático, cria ambientes menos propícios ao crescimento de fungos. Estas substâncias perturbam provavelmente o metabolismo fúngico ou os processos celulares, levando a uma maior inibição do desenvolvimento fúngico.

Surwade (2013) destacou o extrato de alho como o tratamento mais eficaz contra *P. psidii*, seguido do extrato de folhas de neem e do extrato de folhas de tulsi entre todos os botânicos testados. Bhogal (2020) registou a maior inibição com leitelho, seguido do extrato de folhas de nim entre todos os tratamentos testados. Kore (2021) constatou de forma semelhante que o extrato de alho era o mais eficaz, seguido do extrato de folhas de tulsi e do extrato de folhas de nim. Em contraste, Tilekar (2021) constatou que o extrato de semente de neem era o mais eficaz, com o extrato de alho em segundo lugar e o extrato de folha de tulsi mostrando a menor eficácia. Estes resultados divergem significativamente dos do nosso estudo. Esta variabilidade pode ser atribuída a diferenças nas localizações geográficas do hospedeiro e do agente patogénico, às suas interações e às propriedades botânicas das plantas das quais os extractos foram derivados.

4.5 GESTÃO DO CANCRO DA GOIABEIRA EM CONDIÇÕES DE CAMPO

No presente estudo, os quatro fungicidas e dois tratamentos bio-racionais que exibiram a maior eficácia contra *P. psidii in vitro* foram avaliados *in vivo* durante os anos 2022 e 2023 [Foto 4.10 e 4.11 (a) e (b)]. Os resultados mostraram que todos os tratamentos diminuíram significativamente a percentagem de intensidade do cancro em comparação com o controlo, conforme apresentado nos Quadros 4.13 e 4.14 e representado na Fig. 4.6 e 4.7. Os dados agrupados ao longo de dois anos são apresentados no Quadro 4.15 e representados na Fig. 4.8. O quadro apresenta o PDI antes e depois da aplicação de vários tratamentos em três pulverizações, juntamente com os dados agrupados de todas as pulverizações.

Durante o ano de 2022, antes da aplicação de quaisquer tratamentos, o Índice Percentual de Doença (PDI) em todos os tratamentos foi relativamente uniforme, indicando níveis iniciais de doença. Os PDIs variaram entre 4,00 por cento e 5,33 por cento. A uniformidade nos PDIs iniciais garante uma comparação justa da eficácia dos tratamentos ao longo do tempo.

Após a pulverização, o tratamento mais eficaz foi o carbendazim 12% + mancozeb 63% WP (0,1%), mostrando consistentemente o menor PDI em todas as fases. Após a 1ª primeira pulverização, o seu IDP foi de 4,89%, após a 2ª segunda pulverização foi de 5,11% e após a 3ª terceira pulverização foi de 5,33%. O IDP médio de todas as pulverizações para este tratamento foi de 5,11 por cento, indicando que foi altamente eficaz no controlo da doença. Outro tratamento eficaz foi panchgavya (10%), que teve um PDI de 5,78% após a 1ª pulverização, 6,00% após a 2ª pulverização e 6,89% após a 3ª pulverização, com um PDI médio de 6,22%. Azoxistrobina 11% + tebuconazol 18,3% SC (0,05%) também teve um bom desempenho, com um IDP de 7,11% após a 1ª e a 2ª pulverizações, e de 8,00% após a 3ª pulverização, resultando num IDP médio de 7,41%.

Entre os tratamentos menos eficazes, mancozeb 75% WP (0,2%) teve um PDI de 8,22% após a 1ª (primeira) pulverização, 9,11% após a 2ª segunda pulverização e 14,00% após a 3ª terceira pulverização, com um PDI médio de 10,44%. Zineb 75% WP (0,2%) mostrou uma tendência semelhante com um PDI de 8,00 por cento após a 1ª primeira pulverização, 8,89 por cento após a 2ª segunda pulverização e 11,78 por cento após a 3ª terceira pulverização, levando a um PDI médio de 9,56 por cento. O leitelho (10%) também caiu na categoria menos eficaz, com um IDP de 7,33% após a 1ª primeira pulverização, 8,22% após a 2ª segunda pulverização e 9,11% após a 3ª terceira pulverização, resultando num IDP médio de 8,22%. Notavelmente, a eficácia do zineb 75% WP e do mancozeb 75% WP foi estatisticamente semelhante, indicando que o seu desempenho na redução da gravidade da doença foi comparável. Apesar da sua menor eficácia, estes tratamentos ainda tiveram um melhor desempenho do que o controlo.

O grupo de controlo, que não recebeu qualquer tratamento, apresentou os IDP mais elevados, com valores que aumentaram de 9,11% após a 1ª primeira pulverização para 13,55% após a 2ª (segunda) pulverização e 22,45% após a 3ª terceira pulverização, resultando num IDP médio de 15,04%.

Este aumento acentuado no PDI do grupo de controlo sublinha a eficácia dos tratamentos na redução da incidência da doença em comparação com a ausência de tratamento.

Vários tratamentos mostraram uma eficácia comparável na gestão do cancro da goiabeira, como o carbendazim 12% + mancozebe 63% WP e o panchgavya demonstraram uma eficácia semelhante, sem diferença significativa nos seus valores médios de PDI. O Panchgavya também foi estatisticamente igual ao azoxistrobina 11% + tebuconazol 18,3% SC. O desempenho da azoxistrobina 11% + tebuconazol 18,3% SC foi equivalente ao do leitelho. Do mesmo modo, o leitelho e o zinebe 75% WP apresentaram resultados comparáveis. Finalmente, a eficácia do zinebe 75% WP foi estatisticamente semelhante à do mancozebe 75% WP.

Foto 4.10: Vista geral do campo experimental para o manejo do cancro da goiabeira

Foto 4.11: Pulverização de diferentes tratamentos para a gestão do cancro da goiabeira

Do mesmo modo, em 2023, antes da aplicação de quaisquer tratamentos, a PDI em todos os tratamentos era uniforme. As IDP variaram entre 2,22% e 2,67%. Esta consistência nas IDP iniciais estabelece uma base equilibrada para avaliar a eficácia dos tratamentos ao longo do período de estudo.

Carbendazim 12% + mancozeb 63% WP (0,1%) surgiu como o tratamento mais eficaz após a pulverização, demonstrando consistentemente o menor PDI em todas as fases. Após a 1.ª pulverização, o seu IDP foi de 2,89%, mantendo este nível após a 2.ª pulverização e aumentando ligeiramente para 3,33% após a 3.ª pulverização (Foto 4.12). O PDI médio em todas as pulverizações foi de 3,04%, sublinhando a sua elevada eficácia no controlo da doença. O Panchgavya (10%) também se mostrou eficaz, com IDP de 3,33%, 3,56% e 4,22% após a 1ª, 2ª e 3ª pulverizações, respetivamente, resultando num IDP médio de 3,70%. Azoxistrobina 11% + tebuconazol 18,3% SC (0,05%) teve um desempenho semelhante, apresentando IDP de 4,67% após a 1ª e a 2ª pulverizações e 6,45% após a 3ª pulverização, com um IDP médio de 5,26%.

Entre os tratamentos menos eficazes, o mancozeb 75% WP (0,2%) apresentou IDP de 5,78%, 6,22% e 10,67% após a 1ª, 2ª e 3ª pulverizações, respetivamente, resultando numa IDP média de 7,56%. De forma semelhante, o zineb 75% WP (0,2%) apresentou IDP de 5,33%, 6,00% e 9,11% após a 1ª, 2ª e 3ª pulverizações, com um IDP médio de 6,81%. O leitelho (10%) também caiu na categoria menos eficaz, com IDP de 5,11%, 5,34% e 8,00% após a 1ª, 2ª e 3ª pulverizações, resultando num IDP médio de 6,15%.

Em contraste, o grupo de controlo, que não recebeu qualquer tratamento, mostrou um aumento do IDP de 6,22% após a 1ª primeira pulverização para 11,11% após a 2ª segunda pulverização e 17,11% após a 3ª terceira pulverização, resultando num IDP médio de 11,48%.

Este aumento significativo no IDP do grupo de controlo sublinha a eficácia dos tratamentos na redução da incidência da doença em comparação com as condições não tratadas.
Os tratamentos demonstraram a seguinte eficácia comparável na gestão do cancro da goiabeira: Carbendazim 12% + mancozebe 63% WP e panchgavya foram igualmente eficazes, não apresentando diferenças significativas nos seus valores médios de PDI. Azoxistrobina 11% + tebuconazol 18,3% SC e leitelho também apresentaram eficácia semelhante. Além disso, o leitelho, o zineb 75% WP e o mancozeb 75% WP foram estatisticamente comparáveis no seu desempenho. Isto indica que estes tratamentos estavam a par uns dos outros na redução da gravidade da doença. A interação entre os dois anos e o tratamento foi considerada não significativa. Durante os anos combinados de 2022 e 2023, o Índice Percentual de Doença (PDI) antes dos tratamentos foi uniforme em todos os tratamentos, variando de 3,11% a 4,00%.
Após a pulverização, Carbendazim 12% + Mancozeb 63% WP (0,1%) foi o tratamento mais eficaz. Manteve PDIs baixos de 3,89 por cento após a 1ª primeira pulverização, 4,00 por cento após a 2ª segunda pulverização e 4,33 por cento após a 3ª terceira pulverização, resultando num PDI médio de 4,07 por cento. O Panchgavya (10%) também teve um bom desempenho com IDP de 4,56% após a 1ª pulverização, 4,78% após a 2ª pulverização e 5,56% após a 3ª pulverização, resultando numa IDP média de 4,97%. Azoxistrobina 11% + Tebuconazol 18,3% SC (0,05%) apresentaram IDP de 5,89% após a 1ª e 2ª pulverizações e 7,22% após a 3ª pulverização, com uma IDP média de 6,33%.
Os tratamentos menos eficazes incluíram Mancozeb 75% WP (0,2%) com um PDI médio de 9,00 por cento, Zineb 75% WP (0,2%) com um PDI médio de 8,19 por cento, e Buttermilk (10%) com um PDI médio de 7,18 por cento. A eficácia do Zineb 75% WP e do Mancozeb 75% WP foi semelhante.
O grupo de controlo teve os PDIs mais elevados, aumentando de 7,67% após a 1ª pulverização para 19,78% após a 3ª pulverização, resultando num PDI médio de 13,26%. Este facto realça a redução significativa da doença alcançada pelos tratamentos em comparação com a ausência de tratamento.
As conclusões deste estudo estão em consonância com as de Surwade (2013), que observou que, entre sete fungicidas testados, o carbendazim (0,1%), o mancozebe (0,25%) e a combinação de carbendazim + mancozebe (0,25%) foram os mais eficazes. Os índices de cancro foram de 6,6%, 9,3% e 11,3%, respetivamente.

T2: Carbendazim + Mancozebe T7: Controlo

Foto 4.12: Tratamento eficaz contra o cancro da goiabeira em condições de campo

Quadro 4.13: Efeito de fungicidas e bio-racionais contra o cancro da goiabeira causado por *P. psidii* em condições de campo durante 2022

Tr. Nã o.	Nome do tratamento	Con c. (%)	Antes da pulverizaç ão	PDI (%)				Percentagem de redução da doença em relação ao controlo
				Após 1uma pulverizaç ão	Após 2nd pulverizaç ão	Após a 3ª terceira pulverizaç ão	Pulverizaç ões empoçadas	
T1	Mancozebe 75% WP	0.2	5.11 * (13.06)	8,22 (16,66[ab])	9.11 (17.56[b])	14.00 (21.97[b])	10.44 (18.73[b])	30.59
T2	Carbendazime 12% + Mancozebe 63% WP	0.1	4.00 (11.43)	4.89 (12.74[c])	5.11 (12.96[e])	5.33 (13.22[f])	5.11 (12.97[f])	66.02
T3	Zineb 75% WP	0.2	5.33 (13.28)	8.00 (16.42[ab])	8.89 (17.33[b])	11.78 (20.06[c])	9,56 (17,94[bc])	36.44
T4	Azoxistrobina 11% + Tebuconazol 18,3% SC	0.05	4.89 (12.74)	7.11 (15.46[b])	7,11 (15,46[cd])	8,00 (16,43[de])	7,41 (15,78[de])	50.73
T5	Panchgavya	10	4.22 (11.85)	5.78 (13.90[c])	6,00 (14,18[de])	6,89 (15,21[ef])	6,22 (14,43[ef])	58.64
T6	Soro de leite coalhado	10	4.89 (12.74)	7.33 (15.70[b])	8,22 (16,65[bc])	9.11 (17.57[d])	8,22 (16,64[cd])	45.35
T7	Controlo	-	5.33 (13.30)	9.11 (17.57[a])	13.55 (21.60[a])	22.45 (28.27[a])	15.04 (22.48[a])	-
		S.Em±	0.75	0.37	0.58	0.62	1.07	-

CD a 5%	NS	1.12	1.76	1.88	3.28	-
CV%	10.32	4.12	6.07	5.67	5.44	-

Nota: Os dados entre parênteses são valores transformados em arco-seno e os dados fora dos parênteses são valores originais

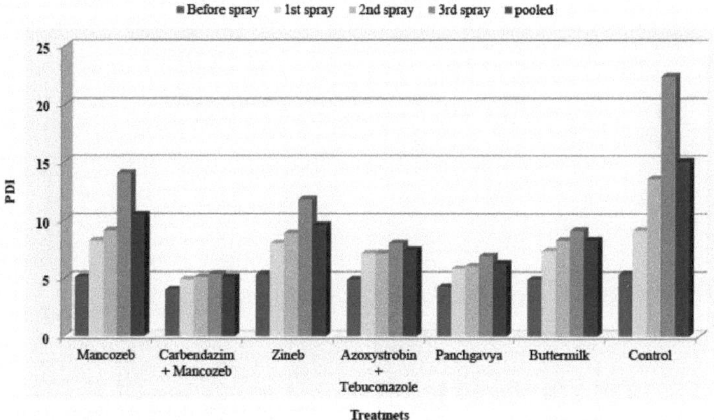

Fig. 4.6: Avaliação de fungicidas e bio-racionais contra o cancro da goiabeira em condições de campo durante o ano de 2022

Quadro 4.14: Efeito de fungicidas e bio-racionais contra o cancro da goiabeira causado por *P. psidii* em condições de campo durante 2023

Tr. Não.	Nome do tratamento	Conc. (%)	Antes da pulverização	PDI (%)				Percentagem de redução da doença em relação ao controlo
				Após 1uma pulverização	Após 2nd pulverização	Após a 3ª terceira pulverização	Pulverizações empoçadas	
T1	Mancozebe 75% WP	0.2	2.67 * (9.35)	5,78 (13,90^{ab})	6.22 (14.44^{b})	10.67 (19.06^{b})	7.56 (15.80^{b})	34.15
T2	Carbendazime 12% + Mancozebe 63% WP	0.1	2.22 (8.55)	2.89 (9.77^{c})	2.89 (9.72^{d})	3.33 (10.49^{e})	3.04 (9.99^{d})	73.52
T3	Zineb 75% WP	0.2	2.45 (8.98)	5,33 (13,33^{ab})	6.00 (14.17^{b})	9,11 (17,57^{bc})	6.81 (15.02^{b})	40.68
T4	Azoxistrobina 11% + Tebuconazol 18,3% SC	0.05	2.45 (8.98)	4.67 (12.48^{b})	4,67 (12,48^{bc})	6.45 (14.70^{d})	5.26 (13.22^{c})	54.18
T5	Panchgavya	10	2.22 (8.55)	3.33 (10.49^{c})	3,56 (10,80^{cd})	4.22 (11.74^{e})	3.70 (11.01^{d})	67.77
T6	Soro de leite coalhado	10	2.67 (9.35)	5.11 (13.05^{ab})	5.34 (13.31^{b})	8.00 (16.40^{cd})	6,15 (14,25^{bc})	46.43

T7	Controlo	-	2.67 (9.35)	6.22 (14.43ª)	11.11 (19.46ª)	17.11 (24.43ª)	11.48 (19.44ª)	-
		S.Em±	0.55	0.45	0.62	0.63	0.94	-
		CD a 5%	NS	1.38	1.89	1.90	2.89	-
		CV%	10.63	6.30	7.99	6.63	7.03	-

Nota: Os dados entre parênteses são valores transformados em arco-seno e os dados fora dos parênteses são valores originais

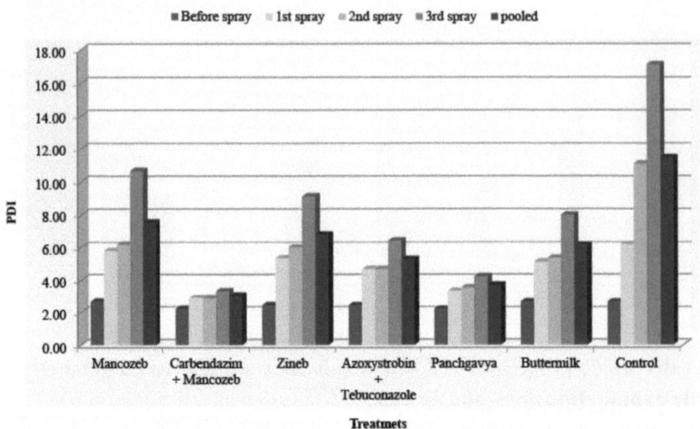

Fig. 4.7: Avaliação de fungicidas e bio-racionais contra o cancro da goiabeira em condições de campo durante o ano de 2023

Tabela 4.15: Efeito de fungicidas e bio-racionais contra o cancro da goiaba causado por *P. psidii* em condições de campo em conjunto (2022 e 2023)

Tr. Não.	Nome do tratamento	Conc. (%)	Antes de spray	PDI (%)				Por cento redução da doença em relação ao controlo
				Após 1uma pulverização	Após 2nd pulverização	Após a 3ª terceira pulverização	Média	
T1	Mancozebe 75% WP	0.2	3.89 * (11.20)	7.00 (15.28ᵇ)	7.67 (16.00ᵇ)	12.33 (20.51ᵇ)	9.00	32.13
T2	Carbendazime 12% + Mancozebe 63% WP	0.1	3.11 (9.99)	3.89 (11.26ᵉ)	4.00 (11.34ᵉ)	4.33 (11.85ᶠ)	4.07	69.31
T3	Zineb 75% WP	0.2	3.89 (11.13)	6.67 (14.88ᵇ)	7.45 (15.75ᵇ)	10.44 (18.81ᶜ)	8.19	38.24
T4	Azoxistrobina 11% +	0.05	3.67 (10.86)	5.89 (13.97ᶜ)	5.89 (13.97ᶜ)	7.22 (15.57ᵈ)	6.33	52.26

	Tebuconazol 18,3% SC							
T5	Panchgavya	10	3.22 (10.20)	4.56 (12.19[d])	4.78 (12.49[d])	5.56 (13.48[e])	4.97	62.59
T6	Soro de leite coalhado	10	3.78 (11.05)	6.22 (14.37[c])	6.78 (14.98[b])	8.55 (16.98[d])	7.18	45.78
T7	Controlo	-	4.00 (11.32)	7.67 (16.00[a])	12.33 (20.53[a])	19.78 (26.35[a])	13.26	-
S.Em± (T)			0.47	0.29	0.42	0.44	-	-
CD a 5% (T)			NS	0.85	1.23	1.28	-	-
S.Em± (YxT)			0.66	0.41	0.60	0.62	-	-
CD a 5% (YxT)			NS	NS	NS	NS	-	-
CV%			10.57	5.12	6.93	6.11	-	-

Nota: Os dados entre parênteses são valores transformados em arco-seno e os dados fora dos parênteses são valores originais

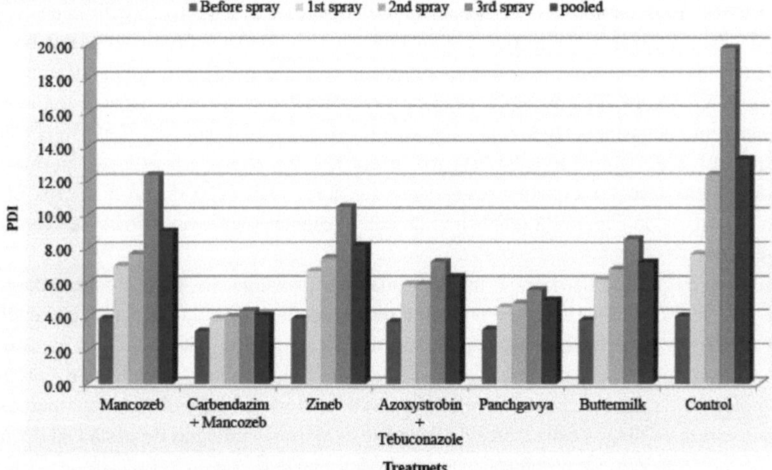

Fig. 4.8: Avaliação de fungicidas e bio-racionais contra o cancro da goiabeira em condições de campo em conjunto (2022 e 2023)

CAPÍTULO 5

RESUMO E CONCLUSÃO

O presente trabalho sobre "Efeito dos parâmetros climáticos e gestão do cancro da goiaba causado por *Pestalotiopsis psidii* (Kwee e Chong)" foi realizado durante 2022 e 2023 no departamento de Fitopatologia, N. M. College of Agriculture, NAU, Navsari. O estudo epidemiológico e a gestão de campo foram efectuados durante 2022 e 2023 no campo do agricultor, Hansapore, Navsari.

A goiaba (*Psidium guajava* L.) é uma importante cultura frutícola amplamente cultivada nas regiões tropicais e subtropicais da Índia, particularmente no sul de Gujarat. Conhecida pelo seu elevado valor nutritivo e pelo seu preço acessível, é frequentemente referida como a "maçã dos pobres" e goza de grande popularidade em todo o mundo. O fruto é também versátil, sendo utilizado na preparação de compotas, geleias e outras sobremesas. Apesar da sua importância económica e da crescente popularidade entre os produtores, a cultura da goiaba enfrenta desafios devido a vários agentes patogénicos, tornando o seu cultivo e produção não rentáveis. Reconhecendo a gravidade deste problema, as presentes investigações visam explorar vários aspectos desta doença e desenvolver medidas de controlo adequadas para atenuar o seu impacto e aumentar a rentabilidade da produção de goiaba.

As doenças mais comuns que afectam a goiabeira incluem a murchidão, o cancro e a antracnose. O cancro da goiabeira, causado por *Pestalotiopsis psidii* (Kwee e Chong), é particularmente devastador, reduzindo significativamente a qualidade dos frutos e o valor de mercado. Provoca lesões castanhas escuras e cortiça nos frutos em pomares severamente afectados. Estas lesões reduzem a capacidade de comercialização dos frutos. Nos últimos anos, a gravidade do cancro da goiabeira aumentou, especialmente no distrito de Navsari, no sul de Gujarat.

Dada a situação recente da doença, foi realizada uma investigação sobre o cancro da goiaba causado por *P. psidii*. Este estudo envolveu a recolha de amostras da doença, o isolamento, a identificação e a caraterização cultural e morfológica do agente patogénico. A investigação também examinou a patogenicidade do agente patogénico, estudou o progresso epidemiológico da doença, avaliou a eficácia *in vitro* de vários fungicidas e tratamentos bio-racionais contra os fungos causadores da doença e explorou estratégias de gestão da doença *in vivo*. Os resultados desta investigação são resumidos a seguir.

5.1 RESUMO

5.1.1 Recolha e isolamento do agente patogénico associado ao cancro da goiaba

Foram colhidas amostras da doença na exploração RHRS, NAU, Navsari, bem como no campo do agricultor infetado com o cancro da goiaba, apresentando sintomas típicos. Os frutos apresentavam sinais da doença do cancro da goiaba. O agente patogénico foi isolado de uma amostra de fruto doente para investigação posterior.

O fungo foi isolado dos frutos doentes utilizando Potato Dextrose Agar (PDA) como meio de cultura. Após completar o processo de isolamento, confirmou-se que o agente patogénico cumpria os postulados de Koch. Foram efectuados estudos microscópicos das caraterísticas do micélio e dos conídios nas colónias que se desenvolveram. Estas foram então transferidas para placas e slants de PDA frescos, e incubadas a 27 ± 1°C para obter culturas puras.

5.1.2 Identificação, sintomatologia e patogenicidade do agente patogénico associado ao cancro da goiaba

As caraterísticas morfológicas e conidiais foram utilizadas para identificar o agente patogénico como *P. psidii*. A cultura pura foi cultivada em PDA em placas de Petri, sendo a inoculação efectuada utilizando um disco de 5 mm de uma cultura com sete dias de idade. Uma semana após a inoculação, os traços culturais foram registados, observando-se um crescimento micelial espesso, branco, inchado e ondulado em PDA, com um reverso amarelo pálido. Formaram-se acérvulos pretos, brilhantes e húmidos, e o micélio apresentava uma estrutura septada. Os conídios eram fusiformes ou clavados, de cinco células, com as células apicais e basais hialinas, enquanto as três células medianas exibiam castanho claro a castanho escuro ou vários tons de verde azeitona. A célula hialina superior tinha 24 setas (apêndices celulares), enquanto um pedicelo hialino curto estava abaixo da célula hialina inferior. Sob ampliação de 40X, os conídios mediam 19,58 gm de comprimento e 7,03 gm de largura. Os apêndices basais hialinos eram rectos ou ligeiramente curvos, com uma média de 4,9 gm de comprimento. O isolado foi identificado através da comparação das caraterísticas morfológicas e culturais com as descritas na monografia de Guba de Monochaetia e Pestalotia.

Inicialmente, a doença manifesta-se no exocarpo dos frutos jovens como pequenas manchas castanhas escuras, encharcadas de água, que progridem posteriormente. À medida que *Pestalotiopsis psidii* infecta os tecidos lesionados, estas manchas tornam-se necróticas. Com o passar do tempo, as pequenas manchas transformam-se em pontos distintos, redondos, castanhos escuros a pretos, que acabam por se fundir para criar um aspeto de crosta. À medida que o fruto amadurece, as pequenas lesões de cortiça abrem-se, dando origem à crosta de cortiça.

Para confirmar a natureza patogénica de *P. psidii* utilizando os postulados de Koch, o agente patogénico foi isolado de frutos de goiaba doentes e utilizado em estudos de patogenicidade na variedade tailandesa de goiaba. Os frutos de goiaba verde-pálido a amarelo foram artificialmente inoculados com o fungo no laboratório e colocados num exsicador à temperatura ambiente durante 7 a 10 dias. Após 7 a 8 dias, apareceram lesões castanhas e cortiça, semelhantes aos sintomas de campo, em torno dos locais de inoculação, enquanto os frutos de controlo permaneceram sem sintomas. O agente patogénico foi reisolado dos frutos infectados e a cultura resultante correspondeu à cultura original de *P. psidii*.

5.1.3 Estudar os parâmetros meteorológicos com o progresso da doença

Estudos epidemiológicos em condições de campo foram realizados durante dois anos consecutivos (2022-23 e 2023-24), e observou-se que a doença apareceu pela primeira vez durante a $^{43^a}$ SMW em 2022-23 e a $^{49^a}$ SMW em 2023-24. A matriz de correlação para 2022-23 revelou que a intensidade da doença do cancro da goiaba teve correlações positivas significativas com a temperatura máxima (0,372) e a velocidade do vento (0,424) ao nível de 5%. A humidade relativa da manhã e da tarde tiveram correlações negativas altamente significativas (0,461 e -0,645, respetivamente) ao nível de 1%, sugerindo que suprimiram o desenvolvimento da doença. A temperatura mínima (0,273) e as horas de sol brilhante (0,203) apresentaram correlações positivas não significativas, enquanto a precipitação (-0,243) e os dias de chuva (-0,193) apresentaram correlações negativas não significativas.

Já em 2023-24, a matriz de correlação mostrou que a temperatura máxima (0,530) teve um efeito positivo altamente significativo na intensidade da doença ao nível de 1%, indicando uma forte associação entre temperaturas mais elevadas e um maior desenvolvimento da doença. As horas de sol brilhante (0,440) também apresentaram uma correlação positiva significativa ao nível de 5%, sugerindo que mais sol contribuiu para uma maior intensidade da doença. Em contrapartida, a temperatura mínima (0,260) e a velocidade do vento (0,262)

apresentaram correlações positivas não significativas com a intensidade da doença. A humidade relativa da manhã e da tarde, a precipitação e os dias de chuva apresentaram correlações negativas não significativas. Em 2023-24, a correlação entre as horas de sol e a intensidade da doença permaneceu significativa ao nível de 5%, potencialmente devido a temperaturas mínimas mais baixas durante este período em comparação com 2022-23, o que criou condições óptimas para o desenvolvimento da doença com o aumento das horas de sol.
No entanto, os dados agrupados de dois anos (2022-23 e 2023-24) destacaram associações significativas entre a intensidade da doença do cancro e vários factores meteorológicos. A temperatura máxima (0,491) e a velocidade do vento (0,485) apresentaram correlações positivas altamente significativas ao nível de 1%, indicando que temperaturas e velocidades do vento mais elevadas estavam fortemente ligadas ao aumento da intensidade da doença. Por outro lado, a humidade relativa nocturna apresentou uma correlação negativa altamente significativa (-0,621) ao nível de 1%, sugerindo que níveis mais baixos de humidade nocturna estavam associados a uma maior intensidade da doença. Além disso, as horas de sol brilhante demonstraram uma correlação positiva significativa (0,408) ao nível de 5%, indicando que o aumento da luz solar contribuiu positivamente para o desenvolvimento da doença. Entretanto, a temperatura mínima (0,275) apresentou uma correlação positiva, mas não foi estatisticamente significativa. A humidade relativa matinal (-0,325), a precipitação (-0,276) e os dias de chuva (-0,233) apresentaram correlações negativas não significativas com a intensidade da doença.

Em 2022-23, na regressão por etapas, foram identificados três modelos. O modelo inicial com uma variável preditora (X_1) teve um R múltiplo de 0,645 e um R^2 de 0,416, explicando 41,6 por cento da variância da intensidade da doença do cancro. O segundo modelo incluiu dois preditores (X1 e X_2), resultando num R múltiplo de 0,782 e um R^2 de 0,611, explicando 61,1 por cento da variância. O modelo final integrou três factores de previsão (x_1, X_2 e X_3), com um R múltiplo de 0,842 e um R^2 de 0,708, explicando 70,8% da variância da intensidade da doença do cancro.

Em 2023-24, o modelo incluiu apenas uma variável preditora (x_1), com um R múltiplo de 0,530 e um R^2 de 0,281, indicando que X1, por si só, explicou 28,1 por cento da variância da intensidade da doença do cancro nesse ano.

Nos dados agrupados de dois anos, foram identificados três modelos. O modelo inicial com uma variável preditora (x_1) teve um R múltiplo de 0,621 e um R^2 de 0,386, explicando 38,6 por cento da variância da intensidade da doença do cancro. O segundo modelo incluiu dois factores de previsão (X1 e X_2), resultando num R múltiplo de 0,836 e num R^2 de 0,699, explicando 69,9 por cento da variância. O modelo final integrou três factores de previsão (x_1, X_2 e X_3), com um R múltiplo de 0,871 e um R^2 de 0,759, explicando 75,9 por cento da variância da intensidade da doença do cancro.

5.1.4 Avaliação de diferentes fungicidas e bio-racionais contra o agente patogénico *in vitro*

As avaliações *in vitro* de vários fungicidas químicos e bio-racionais em diferentes concentrações foram efectuadas para a gestão da doença do cancro da goiaba. Entre os dois fungicidas de contacto testados, o mancozeb 75% WP mostrou uma eficácia superior na inibição do agente patogénico. Atingiu taxas de inibição de 81,11%, 82,59% e 97,41%, com diâmetros médios de colónia de 17 mm, 15,67 mm e 2,33 mm nas concentrações de 1000, 1500 e 2000 ppm, respetivamente. Em contraste, o zineb 78% WP demonstrou taxas de inibição mais baixas de 50,74%, 60,74% e 61,48% com diâmetros médios de colónia de 44,33

mm, 35,33 mm e 34,67 mm nas mesmas concentrações que o mancozeb.
Entre as quatro combinações de fungicidas avaliadas, carbendazim 12% + mancozeb 63% WP e azoxistrobina 11% + tebuconazole 18,3% SC demonstraram inibição completa do patógeno em todas as concentrações testadas (500, 1000 e 1500 ppm), indicando eficácia superior em comparação com outros fungicidas. Hexaconazole 4% + zineb 68% WP seguiram de perto, alcançando taxas de inibição significativas de 67,04% e 80,74% a 1000 e 1500 ppm, respetivamente. A piraclostrobina 5% + metiram 55% WG também mostrou uma eficácia notável, particularmente a 2000 ppm, com a taxa de inibição mais elevada de 91,48% e um diâmetro médio de colónia de 17,00 mm. A 1000 ppm, o hexaconazol 4% + zineb 68% WP e a piraclostrobina 5% + metiram 55% WG tiveram um desempenho comparável.
Entre os seis tratamentos bio-racionais avaliados, o panchgavya a uma concentração de 5 por cento conseguiu uma inibição completa do crescimento micelial com um diâmetro de colónia de zero mm. Seguiu-se o leitelho com 17,78% de inibição e um diâmetro de colónia de 74,00 mm. Os extractos de neem e tulsi não mostraram qualquer inibição (0,00%) com diâmetros de colónia de 90 mm cada. Da mesma forma, a uma concentração de 10%, o panchgavya conseguiu uma inibição completa do crescimento micelial com um diâmetro de colónia de 0 mm. O leitelho seguiu-se com 45,93% de inibição e um diâmetro de colónia de 48,67 mm. Os extractos de Neem e de Tulsi também não mostraram qualquer inibição (0,00%) com diâmetros de colónia de 90 mm cada.

5.1.5 Gestão do cancro da goiabeira em condições de campo

A eficácia de quatro fungicidas e dois tratamentos bio-racionais contra *P. psidii* foi avaliada *in vivo* durante 2022 e 2023. Durante o ano de 2022, inicialmente, foram observados níveis uniformes de doença em todos os tratamentos com base no Índice de Doença por Cento (PDI) antes de quaisquer aplicações. Entre os tratamentos, o carbendazim 12% + mancozebe 63% WP (0,1%) demonstrou consistentemente um controlo superior da doença, mantendo os PDIs mais baixos após cada aplicação por pulverização: 4,89% após a 1ª primeira pulverização, 5,11% após a 2ª segunda pulverização e 5,33% após a 3ª terceira pulverização, com um IDP médio de 5,11% em todas as pulverizações. O próximo melhor tratamento foi panchgavya (10%) com um IDP de 5,78%, 6,00% e 6,89% após a 1ª, 2ª e 3ª pulverizações, respetivamente. O IDP médio foi de 6,22%.
Em contraste, o mancozebe 75% WP (0,2%) mostrou a menor eficácia, com IDP de 8,22% após a 1ª pulverização, 9,11% após a 2ª pulverização e 14,00% após a 3ª pulverização, resultando num IDP médio de 10,44%. O grupo de controlo não tratado apresentou os PDIs mais elevados durante todo o período de estudo.
Em 2023, antes de qualquer tratamento, todos os tratamentos exibiram um PDI uniforme. Carbendazim 12% + mancozeb 63% WP (0,1%) emergiu como o tratamento mais eficaz novamente, mantendo consistentemente o menor PDI em todos os estágios. Após a 1ª primeira pulverização, o seu PDI foi de 2,89%, mantendo este nível após a 2ª segunda pulverização e aumentando ligeiramente para 3,33% após a 3ª terceira pulverização. O IDP médio em todas as pulverizações foi de 3,04 por cento, o que realça a sua forte eficácia no controlo da doença. O tratamento moderadamente eficaz foi o panchgavya, com valores de IDP de 3,33%, 3,56% e 4,22% após a 1ª, 2ª e 3ª pulverizações, respetivamente. O IDP médio foi de 3,70 por cento. Por outro lado, o mancozebe 75% WP (0,2%) revelou-se menos eficaz, com IDP de 5,78%, 6,22% e 10,67% após a 1ª, 2ª e 3ª pulverizações, respetivamente, resultando numa IDP média de 7,56%. Em contraste, o grupo de controlo não tratado apresentou PDIs crescentes durante o mesmo período.

Os dados agrupados ao longo de dois anos revelaram que, antes de qualquer tratamento, foram observados PDIs uniformes em todos os tratamentos. Após a pulverização, o carbendazim 12% + mancozebe 63% WP (0,1%) foi considerado mais eficaz, com uma IDP de 3,89% após a 1ª primeira, 4,00% após a 2ª segunda e 4,00% após a 3ª terceira pulverização. O IDP médio em todas as pulverizações foi de 4,33 por cento. O melhor tratamento seguinte, panchgavya, alcançou um IDP de 4,56%, 4,78% e 5,56% após a 1ª, 2ª e 3ª pulverizações, respetivamente. Mancozeb 75% WP (0,2%) revelou-se menos eficaz.

5.2 CONCLUSÃO

Com base na investigação atual realizada em 2022-23 sobre o "Efeito dos parâmetros climáticos e da gestão do cancro da goiaba causado por *Pestalotiopsis psidii* (Kwee e Chong)", o agente patogénico foi conclusivamente identificado como *P. psidii* através de um isolamento bem sucedido e de uma análise morfológica e conidial detalhada. Os testes de patogenicidade confirmaram o seu papel como o agente causal do cancro da goiaba. Os estudos epidemiológicos estabeleceram uma correlação significativa entre a gravidade da doença e os parâmetros climáticos, destacando um período crucial entre o 5º e o 9º SMW para o desenvolvimento da doença, durante o qual devem ser aplicadas medidas corretivas para evitar perdas. As avaliações laboratoriais de fungicidas e tratamentos bio-racionais revelaram que o carbendazim 12% + mancozebe 63% WP e a azoxistrobina 11% + tebuconazol 18,3% SC são altamente eficazes, com o panchgavya a mostrar também uma eficácia notável. Os ensaios de campo realizados ao longo de dois anos demonstraram que o carbendazime 12% + mancozebe 63% WP proporcionou consistentemente um controlo superior da doença, enquanto os controlos não tratados apresentaram os níveis mais elevados de doença. O estudo conclui que o cancro da goiabeira causado por *P. psidii* é uma doença significativa no Sul de Gujarat, com uma gestão eficaz conseguida através de fungicidas específicos e tratamentos bio-racionais, embora sejam essenciais mais ensaios para solidificar estas recomendações.

Referências

Agarwal, G. P. e Haslia, S. K. (1974). Um novo registo de *Pestaloliopsis versicolor* (Speg.) Steyart em citrinos. *Curr. Sci.,* **43**(2): 50.

Al-Sherif, A. A. H.; Khalil, F. A. A. e Mourad, M. Y. (2007). Plantação e produção de goiaba no Egito. Centro de Investigação Agrícola, Publicação de Extensão n.º 640/2007 (em árabe).

Alves, G.; Verbiski, F. S.; Michailides, T. J. e May-de Mio, L. L. (2011). Primeiro relato de *Pestalotiopsis diospyri* causando cancro em árvores de caqui. *Rev. Bras. Frutic.*, **33**(3): 1019-1022.

* Ambadkar, C. Y.; Lanjewar, R. D.; Bhopale, A. A.; Ingle, S. N. e Kale, S. N. (2005). Eficácia dos extractos de nim contra *Pestalotiopsis disseminata* (Thum.) Stey que causa manchas foliares no gengibre. *Crop. Prot. Prod.,* **1**(2): 53-54.

Anónimo (2017). *Estatísticas de Horticultura num relance 2017.* Divisão de Estatísticas da Horticultura Departamento de Agricultura, Cooperação e Bem-Estar dos Agricultores Ministério da Agricultura e Bem-Estar dos Agricultores Governo da Índia, p.514.

Anónimo (2023a). https://doh.gujarat.gov.in/horticulture-census.htm [Acedido em 23 de maio de 2024]

Anónimo (2023b). https://www.statista.com/statistics/1043925/india-production- volume-of-guava [Acedido em 30 de junho de 2024]

Ansari, M. M. (1995). Controlo do míldio da bainha do arroz por extractos de plantas. *Indian Phytopathol,* **48**(3): 268-270.

* Arauz, L. F. e Umana, G. (1986). Diagnóstico e incidência de doenças pós-colheita da manga na Costa Rica. *Agron. Costarricence,* **10**: 89-99.

Awasthi, D. P.; Sarkar, S.; Mishra, N. K. e Kaiser, S. A. K. M. (2003). Disease situation of some major fruit crops in new alluvial plains of West Bengal. *Env. and Ecol.*, **23**(3): 497-499.

Barge, A. J. (2023). Estudos sobre a identificação e caraterização de *Pestalotiopsis* spp. que causam sarna da goiaba (*Psidium guajava* L.) no oeste de Maharashtra. *Tese de Mestrado (Agri.)*, Mahatma Phule Krishi Vidyapeeth, Rahuri. 72p.

Bhanwar, R. R.; Singh, P.; Thakur, A. K. e Kumar, S. (2012). Identificação e caraterização de *Pestalotiopsis spp.* causando mancha foliar de palmeira rabo de peixe na Índia. *J. Mycol. Pl. Pathol.*, **42**(2): 270-273.

Bhogal, S. (2020). Studies on scabby fruit canker of guava caused by *Pestalotiopsis psidii* (Pat.) mordue in sub-tropical zone of Himachal Pradesh, *Theses Ph.D. (Agri.).* College of Horticulture and Forestry, Neri (Hamirpur) Himachal Pradesh. 106p.

Bhuvaneswari, V.; Ramana, K. T. V.; Bhagavan, B. V. K.; Lakshmi, R. N. e Srinivasulu, B. (2010). Estudos *in vitro* sobre a gestão da doença do míldio foliar da Palmira causada por *Pestalotiopsis palmarum* (Cooke) Stey. *J. Plant. Crops*, **38**(2): 165-167.

Cardoso, J. E.; Maia, C. B. e Pessoa, M. N. G. (2002). Ocorrência de *Pestalotiopsis psidii* e *Lasiodiplodia theobromae* causando podridão peduncular em goiabeiras no Estado do Ceará. *Fitopatol. Bras.,* **27**(3): 320.

* Chand, J. N.; Gupta, P. C. e Madan, R. L. (1986). Doenças da Goiaba, Ber e Phalsa na Índia. *Revisão de Trop. Pl. Pathol.*, **2**: 235-261.

Chelong, I.; Moye, J. J.; Adair, A. e Bonwanno, S. (2020). Primeiro relatório do estudo de eficácia do bioextrato para controlar *Pestalotiopsis* sp. afetando a doença da folha de borracha do Pará sob variabilidade climática. *IJARET*, **11**(10): 209-217.

Chen, X. R.; Xing, Y. P.; Zhang, T. X.; Zheng, J. T.; Xu, J. Y.; Wang, Z. R. e Tong, Y. H.

(2012). Primeiro relatório de *Pestalotiopsis sydowiana* causando necrose foliar de *Myrica rubra* na China. *Plant Dis.*, **96**(5): 764-765.

Chibber, H. M. (1911). A working list of diseases of vegitable pests of some of the economic plants, occuring in the Bombay Presidency. *Poona Agriculture Collage Magzine*, **2**: 180-198.

Darapanit, A.; Boonyuen, N.; Leesutthiphonchai, W.; Nuankaew, S. e Piasai, O. (2021). Identificação, patogenicidade e efeitos de extractos de plantas em *Neopestalotiopsis* e *Pseudopestalotiopsis* que causam doenças de frutos. Relatórios científicos. *Portfólio da natureza,* 11p.

Das, C. M. e Mahanta, I. C. (1985). Avaliação de alguns fungicidas contra *Pestalotia palmarum*, causador do míldio cinzento do coqueiro. *Pestic.*, **19**: 37-39.

Dheir e Naser, S. S. A. (2019). Sistema baseado em conhecimento para diagnosticar problemas de goiaba. *Int. J. Acad. Dev.,* **3**(3): 9-15.

Eman El-argawy (2015). Caracterização e controlo de *Pestalotiopsis* spp. o fungo causal do cancro da sarna da goiaba na província de EL-Beheira, Egito. *Int. J. Phytopathol.,* **4**(3): 121-136.

Espinoza, J. G.; Briceno, E. X.; Keith, L. M. e Latorre, B. A. (2008). Canker and twig dieback of blueberry caused by *Pestalotiopsis spp.* and a *Truncatella* sp. in Chile. *Plant Dis.*, **92**(10): 1407-1414.

Fernandez, R. L.; Rivera, M. C.; Varsallona, B. e Wright, E. R. (2015). Prevalência de doenças e sintomas causados por *Alternaria tenuissima* e *Pestalotiopsis guepinii* em mirtilo em Entre Rios e Buenos Aires, Argentina. *American J. Pl. Sci.*, **6**(19): 3082-3090.

Gaur, A. e Chenulu, V. V. (1982). Controlo químico de doenças pós-colheita de *Citrus reticulata* e *Solanum tuberosum*. *Indian Phytopathol,* **35**(4): 628-632.

* Ghani, M. Y. e Tandon, I. N. (1989). Estudos culturais e fisiológicos sobre *Pestalotiopsis disseminata* que causa a mancha foliar do pêssego. *Plant Dis. Res.,* **4**(2): 189190.

Ghuffar, S.; Irshad, G.; Naz, F.; Zhang, X. Y.; Bashir, A.; Yang, H. L.; Zhai, F. Y. e Gleason, M. L. (2018). Primeiro relatório de podridão pós-colheita causada por *Pestalotiopsis* spp. em uvas em Punjab, Paquistão. *Plant Dis.*, **102**(6): 1175-1175.

Gowda, V. (2020). Caracterização morfológica e molecular de *Pestalotiopsis* spp. causando a praga da folha cinzenta do coco. *Tese de Mestrado (Agri.)*, Universidade de Ciências Agrícolas e Hortícolas, Shivamogga. p.118.

Guba, E. F. (1961). Monograph of *Monochaetia* and *Pestalotia* Harvard University Press, Cambridge, Mass.

Gupta, N.; Das, S.; Sabat, J. e Basak, U. C. (2007). Estudos sobre *Pestalotiopsis* obtidos em mangais de Bhitarkanika, Orissa, Índia. *Int. J. Plant Sci.,* **2**(1): 90-93.

Hopkins, K. E. (1996). Aspectos da biologia e controlo de *Pestalotiopsis* em viveiros de plantas ornamentais resistentes. *Tese de Mestrado (Agri.)*. The Scottish Agricultural College, Auchincruive, Ayr, 114p.

Islam, M. R.; Hossam, M. K.; Bahar, M. H. e Ali, M. R. (2004). Identificação do agente causal da mancha foliar da noz de bétel e avaliação *in vitro* de fungicidas e extractos de plantas contra o mesmo. *Pakistan J. Biol. Sci.,* **7**(10): 1758-1761.

Ismail, A. M.; Cirvilleri, G. e Polizzi, G. (2013). Caracterização e patogenicidade de *Pestalotiopsis uvicola* e *Pestalotiopsis clavispora* que causam a mancha cinzenta da folha da manga (*Mangifera indica* L.) em Itália. *Eur. J. Plant Pathol,* **135**(4): 619-625.

Jeewon, R.; Liew, E. C. e Hyde, K. D. (2002). Relações filogenéticas de *Pestalotiopsis* e géneros aliados inferidas a partir de sequências de ADN ribossómico e caracteres

morfológicos. *Mol. Phylogenetics Evol.*, **25**(3): 378-392.
Joshi, M. S. e Raut, S. P. (1992). Grey leaf blight of clove in Konkan region of Maharashtra. *Indian Cocoa Arecanut and Spices Journal,* **15**(3): 73-74.
Joshi, S. D.; Sanjay, R.; Baby, U. I. e Mandal, A. K. A. (2009). Molecular characterization of *Pestalotiopsis* spp. associated with tea (*Camellia sinensis*) in southern India using RAPD and ISSR markers. *Indian J. Biotechnol*, **8**(4): 377383.
Juliana, S. B. e Natalia, A. P. (2020). *Mancha foliar de Pestalotia e podridão de frutos do morangueiro.* https://doi.org/10.32473 [Acedido em 16 de junho, 2022]
Kamhawy, M. A. M.; Maggie, E. M. H.; Sahar, A. S. e Noha, F. E. B. (2011). Caracterização morfológica e filogenética de *Pestalotiopsis* em relação à associação de hospedeiros. *Egito. J. Agric. Res.*, **89**(1): 1-15.
Karakaya, A. (2001). Primeiro relatório de infeção de kiwis por *Pestalotiopsis sp*. na Turquia. *Plant Dis.*, **85**(9): 1028.
Kaushik, C. D.; Thakur, D. P. e Chand, J. N. (1972). Parasitismo e controlo de *Pestalotia psidii* que causa a doença das galhas em frutos maduros de goiaba. *Indian Phytopath*, **25**: 61-64.
Keith, L. M. e Matsumoto, T. K. (2013). Primeiro relatório de *Pestalotiopsis* leaf blotch em Mangosteen no Havaí. *Plant Dis.*, **97**(1): 146.
Keith, L. M.; Velasquez, M. E., e Zee, F. T. (2006). Identificação e caraterização de *Pestalotiopsis* spp. que causam a sarna da goiaba, *Psidium guajava*, no Hawaii. *Plant Dis.*, **90**: 16-23.
Khalequzamman, K. M.; Md Khalim Uddin; Hossain, M. S.; Islam, M. S. e Rashid, M. H. (2003). Incidência anual e efeito de fungicidas no controlo da mancha foliar da sapota. *Asian J. Plant Sci.,* **2**(5): 442-444.
Ko, Y.; Yao, K. S.; Chen, C. Y. e Lin, C. H. (2007). Primeiro relato de mancha foliar cinzenta da manga (*Mangifera indica*) causada por *Pestalotiopsis mangiferae* em Taiwan. *Plant Dis.,* **91**: p.12.
Kore, S. K. (2021). Estudos sobre investigações sobre *Pestalotiopsis psidii* incitando o cancro da goiaba. *Tese de Mestrado (Agri.)*, Dr. Balasaheb Sawant Konkan Krishi Vidyapeeth, Dapoli. 78p.
Kudalkar, S. K.; Joshi, M. S. e Pawar, D. R. (1991). Controlo do míldio foliar do coqueiro causado por *Pestalolia palmarum* Cooke. *Indian Coconut Journal,* **22**(3): 18-19.
Kumar, R. (2018). Estudos sobre a eficácia de botânicos contra a mancha foliar de Pestalotia do morango (*fragaria* x *ananassa* duch.). *Tese de Mestrado (Agri.)*, Dr. Yashwant Singh Parmar University of Horticulture and Forestry, Solan (Nauni), H.P. 56p.
Kyada, J. Z. (2006). Investigação sobre o míldio cinzento (*Pestalotiopsis guepinii* (desm.) stey.) da manga (*Mangifera indica* L.). *Tese de Mestrado (Agri.)*, JAU, Junagadh, pp.19-64.
Misra, A. K. e Om Prakash, (1986). Estudos sobre doenças das culturas frutícolas. Relatório Anual, Instituto Central de Horticultura para as Planícies do Norte, Lucknow. pp.67-68.
Morton, J. (1987). Goiaba: "Fruits of Warm Climates" (Frutas de climas quentes) por JF Mortan (ed.). Creative Resources System, Inc., Miami FL, pp.356-363.
Moustafa, M. S. H.; E. L.-Dakar, H. A. M. e Alkolaly, A. M. A. (2015). A mancha foliar *de Pestalotia*, uma nova doença, afeta as goiabeiras no Egito. *Int. J. Sci. Eng. Res.*, **6**(10): 13061312.
Mujumdar, V. L. e Pathak, V. N. (1997). Controlo da podridão dos frutos da goiabeira por fungicidas químicos. *J. Mycol. Pl. Pathol.*, **27**(3): 17-20.

Nabakishor, N. (2015). Efeito de patógenos fúngicos pós-colheita na qualidade da fruta em goiaba cv. Allahabad safeda. *J. Hortl. Sci.*, **10**(2): 254-257.

Nakum, K. N. (2017). Investigação sobre a doença da ferrugem cinzenta das folhas do caju (*Anacardium occidentale* L.) causada por *Pestalotia anacardii*. *Tese de Mestrado (Agri.)*, NAU, Navsari. p.106.

Narsimhan, M. J. (1938). *Pestalotia psidii* em goiaba na Índia. Relatório Administrativo Anual, Departamento de Agricultura, Mysore, 1936-37. pp.169-173.

Nene, Y. L. e Thapliyal, R.N. (1979). "*Fungicides in Plant Disease Control*". Oxford e IBH Publishing Co., Nova Deli, 11 Edn., pp.7-10.

Pamrechon, K. M.; Rana, S. S. e Khatua, A. K. (2004). Ocorrência do cancro da goiabeira em Bengala Ocidental e bioensaio de fungicidas contra o agente patogénico. *Horti. Journal.* **17**(3): 219-225.

Pan, S. e Mishra, N. K. (2010). Estudos epidemiológicos sobre algumas doenças da goiaba (*Psidium guajava* L.). *J. Pl. Prot. Sci.,* **2**(2): 49-52.

Pandey, A.; Shukla, A. N. e Chandra, S. (2006). *Pestalotiopsis* stem canker of *Jatropha curcas. Indian For.,* **32**(6): 763-766.

*Pandey, R. S.; Bhargava, S. N.; Shukla, D. N. e Dwivedi, D. K. (1983). Controlo do apodrecimento da goiaba por *Pestalotia* através de extractos de folhas de duas plantas medicinais. *Rev. Mex. Fitopatol*, **1**: 15-16.

Patel, J. G. e Patel, A. J. (1981). Uma nova doença do míldio foliar do chiku (*Achras sapota.* L.) provocada por *Pestalotia sapotae* em Gujarat. *GAU Res. J.*, **7**: 41-42.

Patel, M. K.; Kamat, M. N. e Hingorani, G. M. (1950). *Pestalotia psidii* Pat. em goiaba. *Indian Phytopathol*, **31**: 165-176.

Patil, V. A. (2012). Investigação sobre a doença da praga das folhas cinzentas (*Pestalotia anacardii*) da manga (*Mangifera indica* L.) nas condições do Sul de Gujarat, *Tese de Doutoramento (Agri.)*, NAU, Navasari. 158p.

Prakash, O. e Singh, S. J. (1975). *Pestalotiopsis versicolor* - Uma nova doença da mancha foliar da bananeira. *Indian Phytopathol,* **28**: 265-266.

Pruthviraj. (2018). Estudos sobre manchas de frutas fúngicas e podridão de frutas de romã, *Tese M.Sc. (Agri.)*, Universidade de Ciências Agrícolas e Hortícolas, Shivamogga. 162p.

Rai, M. K. (1996). Avaliação *in vitro* de extractos de plantas medicinais contra *Pestalotiopsis mangiferae*. Hindustan Antibiotics Bulletin, **38**: 53-55.

Rai, R. N.; Arya, A. e Lal, B. (1982). Podridão de *Pestaiotiopsis* da baga (*Ziziphus mauritiana*). *Indian Phytopathol,* **35**(4): 709-710.

Raj, T. R. (1993). Coelomycetous anamorphs with appendage bearing conidia, Mycologue Publications Waterloo, Ontario, Canada.

Ramaswamy, G. R.; Sohi, H. R. e Govindu, H. C. (1988). Estudos sobre a gama de hospedeiros de *Pestalotia psidii*, o agente causal do cancro da goiaba e avaliação de fungicidas contra o agente patogénico. *Indian J. Mycol. Pl Pathol.*, **18**: 180-181.

Rao, A. K.; Lal, A. A.; Simon, S.; Chandra, S.; Singh, R. e Singh, L. (2012). Gestão da doença do cancro (*Pestalotia psidii*) da goiaba (*Psidium guajava* L.). *Ann. Plant Prot. Sci.*, **20**(2): 383-385.

Rao, K. C. S. (1965). Estudos sobre a fisiologia de *Pestalotia* sp. patogénica na manga (*Mangifera indica* L.) e na goiaba (*Psidium guajava* L.). *Tese de Mestrado (Agri.)*, Jawaherlal Nehru Krishi Vishwa Vidyalaya Agriculture College Jabalpur, M.P. 97p.

Ray, S. K.; Jana, M.; Maity, S. S.; Bhattacharya, R. e Khatua, D. C. (2007). Doenças dos

frutos da goiabeira em Bengala Ocidental. *Ata Horticulturae*, **735**: 525-531.
Rayner, R. W. (1970). A Mycological Color Chart. Commonwealth Mycological Institute, Kew, Surrey, Inglaterra.
Rokade, R. A. (2009). Investigação sobre a mancha foliar cinzenta/queimadura do coqueiro (*Cocos nucifera* Linn.) causada por *Pestalotia palmarum* (Cooke) Steyaert nas condições de Gujarat do Sul. *Tese de Mestrado (Agri.)*, NAU, Navsari.
Senula, A. e Ficke, W. (1983). Bioassistência para o diagnóstico de agentes patogénicos fúngicos que causam necrose da casca em pomóideas. Archivfiir phytopathologie und pfanzens-chutz. **19**(5): 299-308.
Sergeeva, V.; Priest, M. e Nair, N. G. (2005). Espécies de *Pestalotiopsis* spp. e géneros relacionados que ocorrem em videiras na Austrália. *Australas. Pl. Pathol.*, **34**(2): 255558.
Sethi, B. P.; Suryawanshi. J. S.; Kale, A. N.; Deokar, C. D. e Thakare, C. (2022). Eficácia *in vitro* de diferentes fungicidas contra *Pestalotiopsis psidii* que causa o cancro do fruto da goiaba (*Psidium guajava* L.). *J. Pharm. Innov.*, **11**(6): 811-814.
Sezer, A. e Dolar, F. S. (2015). Determinação de *Pestalotiopsis* sp. causando doença em cachos de frutas em áreas de cultivo de avelã nas províncias de Ordu, Giresum e Trabzon na Turquia. *Agric. For.*, **1**: 183-188.
Sirisha, M.; Aswathanarayana, D. S.; Yenjerappa, S. T.; Gowdar, S. B.; Pampanna, Y. e Nidoni, U. (2023). Influência dos parâmetros climáticos na incidência e gravidade da sarna da goiaba causada por *Pestalotiopsis psidii* (*Pat.*). *Int. J. Environ. Clim. Change,* **13**(11): 4673-4682.
Soares, F. D.; Perelra, T.; Marques, M. O. M. e Monteiro, A. R. (2007). Composição química volátil e não volátil do fruto da goiaba branca (*Psidium guajava* L.) em diferentes estágios de maturação. *Química de Alimentos,* **100**: 15-21.
Srivastava, M. P.; Tandon, R. N.; Bilgrami, K. S. e Ghosh, A. K. (1964). Simpósio sobre cancros de árvores. *Phytopathol.*, 2-50: 250-261.
Srivastava, R. e Lal, A. A. (2009). Incidência de agentes patogénicos fúngicos pós-colheita em goiaba e banana. *Allahabad J. Hortic. Sci.*, **4**(1): 85-89.
Sultana, S.; Sikder, M. M.; Ahmmed, M. S. e Alam, N. (2022). Artigo de pesquisa *Neopestalotiopsis chrysea* causando doença da mancha foliar de plantas de morango em Bangladesh, *J. Pl. Sci.*, **17**(2): 66-74.
Surwade, K. A. (2013). Estudos sobre a doença do cancro da goiaba (*Psidium guajava*) causada por *Pestalotiopsis psidii* Pat., *Teses Ph.D (Agri.)*. Mahatma Phule Krishi Vidyapith, Rahuri. 87p.
Sutarman, Hadi, S.; Saefuddin, A.; Achmad e Suryani, A. (2004). Epidemiologia do míldio das agulhas em plântulas *de Pinus merkusli* provocado por *Pestalotia theae*. *J. Man. Hut. Trop.*, **1**: 43-60.
Tanziman ara, Monzur, S.; Saand, M. A.; Islam, R.; Alam, S. e Hossain, M. (2017). O primeiro relatório de *Pestalotiopsis* sp. causando doença da raiz da coroa em morango (*Fragaria* X *ananassa* Duch.) em Bangladesh e avaliação da atividade fungicida. *Int. J. Biosci.*, **11**(4): 350-358.
Tilekar, A. S. (2021). Gestão ecológica da doença do cancro (*Pestalotiopsis psidii* pat.) da goiaba (*Psidium guajava*). *Tese de Mestrado (Agri.)*, Mahatma Phule Krishi Vidyapeeth, Rahuri. 76p.
Tippeshi, L.; Suryanarayana, V. e Naik, S. T. (2010). Levantamento e gestão da praga foliar de *Pestalotiopsis* de Jatropha, uma nova doença destrutiva em Karnataka. *Indian Phytopath,*

63(1): 110-111.

Tsay, J. G. (1991). Ocorrência da podridão de *Pestalotiopsis* em frutos ensacados e seleção de fungicidas para o seu controlo em Taiwan. Boletim de Proteção das Plantas (Taipei). **33**(4): 384-394.

Utikar, P. G.; Sherkar, B. V. e Shinde, P. A. (1986). Avaliação de fungicidas em condições de campo contra alguns fungos que apodrecem os frutos da pomograna. *Pestic.,* **20**(12): 24-29.

Valencia, A. L.; Torres, R. e Latorre, B. L. (2011). Primeiro relatório de *Pestalotiopsis clavispora* e *Pestalotiopsis* spp. causando podridão pós-colheita da extremidade do caule do abacate no Chile. *Plant Dis.*, **95**(4): p.492.

Venkatakrishnaiah, N. S. (1952). *Glomerella psidii* (Del) Sheld e *Pestalotia psidii* Pat. associadas a uma doença cancerosa da goiaba. *IASc*, **36**: 129-134.

Verma, B. R. e Sharma, S. L. (1976). Variação sazonal dos sintomas causados por *Pestalotia psidii* em frutos de goiaba. *Indian J. Mycol. Pl. Pathol.*, **6**: 97-98.

Verma, P. e Verma, R. K. (2015). Uma nova podridão de frutas pré-colheita de aonla (*Emblica officinalis*) causada por *Pestalotiopsis versicolor* da Índia Central. *World J. Pharm. Res.*, **4**(10): 2461- 2465.

Vincent, J. M. (1947). Distorção de hifas de fungos na presença de certos inibidores. *Nature*, **159**: p.850.

Watanabe, K.; Nakazono, T. e Ono, Y. (2012). Evolução da morfologia e filogenia molecular de *Pestalotiopsis* spp. (Coelomycetes) com base na estrutura secundária ITS2. *Mycosci.*, **53**(3): 227-237.

Wheeler, B. E. J. (1969). "An introduction to plant disease and fungi", John Wiley and Sons Limited, Londres, 301p.

Yaouba, A.; Metsoa Enama, B.; Nseme Mboma, Y. D. e Nyaka Ngobisa, A. I. C. (2021). Efeito antifúngico de extractos de plantas contra *micrósporos de Pestalotiopsis* responsáveis pela doença da podridão pós-colheita de frutos de ananás (*Ananus comosus* (L.) Merr) nos Camarões. *Afr. J. Agric. Res.*, **17**(6): 916-922.

Younis, M.; Mehmood, K.; Rashid, A. e Waseem, M. A. (2004). Estudos fisiológicos sobre *Pestalotia psydii* e seu controlo químico. *Int. J. Agri. Biol.,* **6**(6): 1107-1109.

* Original não visto

Printed by Books on Demand GmbH, Norderstedt / Germany